冶金工业出版社

普通高等教育"十四五"规划教材

材料科学基础实验指导书

主　编　杨　蕾　牛文娟
副主编　王庆娟　胡　平　习晓峰

北　京
冶金工业出版社
2022

内 容 提 要

本书分为材料科学基础实验、材料制备及成型实验、材料的性能测试实验、材料现代研究方法实验、综合模拟实验五大部分，共设置 34 个实验，对实验目的、实验原理、实验设备及材料、实验步骤、实验报告要求多方面进行详细阐述，使学生通过相关实验的学习更好地了解本专业的理论知识，熟悉实验方法及设备。

本书可供材料成型及控制工程、金属材料工程、冶金工程、机械工程等材料加工类专业学生使用，也可以为相关研究单位、企业提供实验检测方法。

图书在版编目（CIP）数据

材料科学基础实验指导书／杨蕾，牛文娟主编．—北京：冶金工业出版社，2022.11

普通高等教育"十四五"规划教材

ISBN 978-7-5024-9319-6

Ⅰ.①材…　Ⅱ.①杨…　②牛…　Ⅲ.①材料科学—实验—高等学校—教学参考资料　Ⅳ.①TB3-33

中国版本图书馆 CIP 数据核字（2022）第 192721 号

材料科学基础实验指导书

出版发行	冶金工业出版社	电　　话	（010）64027926
地　　址	北京市东城区嵩祝院北巷 39 号	邮　　编	100009
网　　址	www.mip1953.com	电子信箱	service@ mip1953.com

责任编辑　曾　嫒　美术编辑　彭子赫　版式设计　郑小利
责任校对　李　娜　责任印制　禹　蕊
北京虎彩文化传播有限公司印刷
2022 年 11 月第 1 版，2022 年 11 月第 1 次印刷
787mm×1092mm　1/16；11.25 印张；271 千字；172 页
定价 49.00 元

投稿电话　（010）64027932　投稿信箱　tougao@cnmip.com.cn
营销中心电话　（010）64044283
冶金工业出版社天猫旗舰店　yjgycbs.tmall.com
（本书如有印装质量问题，本社营销中心负责退换）

前　言

本书是为了适应教学改革的需要，以材料成型及控制工程、金属材料工程、冶金工程以及机械工程等金属材料类相关工科专业的本、专科生提供实验指导为方向，以培养理论功底深厚、工艺知识扎实的应用型人才为目标编写而成。在编写中注重把专业课程中的理论知识与相关实验相结合，以便于学生对本专业有更清晰的认识。

本书共包括材料科学基础实验、材料制备及成型实验、材料的性能测试实验、材料现代研究方法实验、综合模拟实验五个部分。从实验目的、实验原理、实验设备及材料、实验步骤、实验报告要求等方面加以详细阐述，以便于学生学习和理解相关的专业知识。

本书由西安建筑大学杨蕾、牛文娟任主编，王庆娟、胡平、习晓峰任副主编。在编写过程中得到了西安建筑大学冶金工程学院材料加工工程实验教学中心、金属材料教研室的大力支持，在此表示衷心的感谢。

鉴于作者水平所限，书中不足之处在所难免，敬请读者批评指正。

作　者

2021 年 11 月

目　　录

第1篇　材料科学基础实验

实验1　金相显微镜的构造与使用 ……………………………………………… 3
实验2　金相试样的制备 ……………………………………………………… 8
实验3　二元合金的显微组织设计与观察 …………………………………… 16
实验4　铁碳合金的平衡组织 ………………………………………………… 22
实验5　碳钢热处理的显微组织 ……………………………………………… 27
实验6　碳钢的热处理、硬度测定以及金相分析 …………………………… 33
实验7　碳钢及合金钢热处理后组织观察 …………………………………… 38
实验8　铸铁、有色合金的显微组织观察 …………………………………… 45
实验9　合金钢、铸铁、有色合金的显微组织观察 ………………………… 48
实验10　钢的淬透性测定 …………………………………………………… 53
实验11　奥氏体晶粒度的测定 ……………………………………………… 56
实验12　金属的塑性变形与再结晶 ………………………………………… 59

第2篇　材料制备及成型实验

实验13　铝合金的熔炼及金相组织观察 …………………………………… 65
实验14　用孕育剂细化铝合金晶粒 ………………………………………… 68
实验15　铝硅合金变质处理 ………………………………………………… 70
实验16　铸造合金流动性的测定 …………………………………………… 72
实验17　熔体金属柱状结晶过程模拟实验 ………………………………… 75

第3篇　材料的性能测试实验

实验18　金属拉伸力学性能的测定 ………………………………………… 79
实验19　金属材料硬度测定 ………………………………………………… 83
实验20　金属缺口试样冲击韧性的测定 …………………………………… 89
实验21　金属疲劳实验 ……………………………………………………… 93
实验22　金属磨损实验 ……………………………………………………… 102
实验23　盐雾腐蚀实验 ……………………………………………………… 106
实验24　极化曲线的测定与分析 …………………………………………… 109

实验 25　钢铁的氧化发蓝处理 ·· 112

第4篇　材料现代研究方法实验

实验 26　X 射线衍射技术及物相定性分析 ··· 117
实验 27　扫描电子显微镜的结构、工作原理及使用方法 ························· 123
实验 28　能谱仪的结构及使用方法 ·· 126
实验 29　扫描电子显微镜 EBSD 分析 ··· 132
实验 30　透射电镜样品的制备 ·· 135
实验 31　透射电镜的结构、成像原理及使用方法 ·································· 142

第5篇　综合模拟实验

实验 32　Image Pro Plus 在测量粒径尺寸上的应用 ······························· 149
实验 33　COMSOL 在模拟多孔材料力学性能中的应用 ··························· 155
实验 34　Deform 在金属轧制成型中的应用 ··· 162

参考文献 ··· 172

学生实验守则

实验室是高等学校教学、科研的重要基地，也是学生在学习和科学研究中培养科学精神和创新能力的重要基地。实验室的仪器设备及其他物品是保证教学、科研实验顺利进行的必要条件，学生在实验室必须尊重科学，讲究精神文明，遵守纪律，自觉执行规章制度，爱护实验室的所有仪器设备、物品及其他实验设施，注意安全和仪器设备的正常工作，保证教学、科研工作的顺利进行。

第一条 实验室是教学实验和科学研究的场所。凡进入实验室进行教学、科研实验活动的学生必须严格遵守实验室的各项规章制度。

第二条 学生实验前必须接受安全教育，必须认真预习实验指导书，明确实验目的和步骤，初步了解实验所用仪器设备及器材的性能、操作规程、使用方法和注意事项，按时上实验课，不得迟到早退。

第三条 学生进入实验室应衣着整洁，保持安静，保持室内整洁卫生，禁止吸烟。

第四条 实验中严格遵守操作规程，服从教师的指导。学生必须以实事求是的科学态度进行实验，认真测定数据，如实、认真做好原始记录，认真分析实验结果，独立完成实验报告，并按时递交指导教师。

第五条 学生要爱护实验室仪器设备，如违反操作规程或不听从指导而造成人身伤害事故，责任自负；造成仪器设备损坏事故者，按学校有关规定进行处理赔偿。

第六条 在实验过程中，注意安全，严禁违章操作，注意节约水、电、实验材料、试剂和药品，遇到事故要立即切断电源、火源，报告指导教师进行处理；遇到大型事故应保护好现场，等待有关单位处理。

第七条 每次实验结束后，要对本组使用的仪器设备进行擦拭，做好整理工作，经指导教师检查合格后方可离开实验室。

第1篇

材料科学基础实验

实验 1　金相显微镜的构造与使用

1.1　实　验　目　的

（1）了解金相显微镜的光学原理；

（2）常用显微镜的构造及使用方法。

1.2　实　验　原　理

借助仪器设备放大观察金相试样的组织或缺陷的方法称为金相显微分析。它是研究金属材料微观结构最基本的一种实验技术，在金属材料研究领域中占有很重要的地位。

在现代金相显微分析中，主要使用的仪器有光学显微镜和电子显微镜。本实验对常用的光学金相显微镜作一般介绍，下面介绍显微镜的基本原理、构造及使用。

1.2.1　显微镜的基本原理

最简单的显微镜可以仅由两个透镜组成。图 1-1 为相显微镜成像的光学原理示意图。图中 AB 为被观察的物体，对着被观察物体的透镜为物镜；对着人眼的透镜为目镜。物镜使物体 AB 形成放大的倒立实像 $A'B'$，目镜再将像 $A'B'$ 放大成仍然倒立的虚像 $A''B''$，其位置正好在人眼的明视距离（约 250mm）处。因此，借助显微镜所观察到的就是 AB 的虚像 $A''B''$。

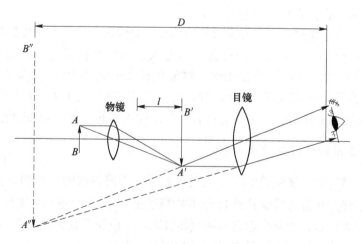

图 1-1　显微镜成像光学原理

1.2.1.1 显微镜的放大倍数

显微镜的放大倍数可通过式（1-1）计算确定：

$$M = M_物 \cdot M_目 = \frac{L}{f_物} \cdot \frac{D}{f_目} \tag{1-1}$$

式中　M——显微镜总放大倍数；

　　　$M_物$——物镜的放大倍数；

　　　$M_目$——目镜的放大倍数；

　　　$f_物$——物镜的焦距；

　　　$f_目$——目镜的焦距；

　　　L——显微镜的光学镜筒长度；

　　　D——明视距离（250mm）。

由式（1-1）可知，$f_物$、$f_目$越短或 L 越长，则显微镜的放大倍数越大。

1.2.1.2 物镜的鉴别率

物镜的鉴别率是指物镜能清晰分辨试样两点间最小距离的能力。物镜鉴别率的数学公式为：

$$d = \frac{\lambda}{2A} \tag{1-2}$$

式中　d——物镜的鉴别率；

　　　λ——入射光源的波长；

　　　A——物镜的数值孔径，它表示物镜的聚光能力。

由式（1-2）可知，波长 λ 越短，数值孔径 A 越大，则物镜的鉴别能力就越高（d 越小），在显微镜中就能看到更细微的部分。

数值孔径 A 可由式（1-3）求出：

$$A = \eta \sin\varphi \tag{1-3}$$

式中　η——物镜与物体之间介质的折射率；

　　　φ——物镜孔径角的一半，即通过物镜边缘的光线与物镜轴线所成的角度。

由式（1-3）可知，η 越大或物镜孔径角越大，则数值孔径越大，由于 φ 总是小于90°，所以在空气介质（$\eta = 1$）中使用时，数值孔径 A 一定小于1，这类物镜称为干系物镜。当物镜上面滴有松柏油介质（$\eta = 1.52$）时，A 值最高可达1.4，这就是显微镜在高倍观察时选用油浸物镜的原因。每个物镜都有一个设计额定的 A 值，刻在物镜体上。

1.2.1.3 显微镜的有效放大倍数

由 $M = M_物 \cdot M_目$ 知，显微镜的同一放大倍数可由不同倍数的物镜和目镜组合来实现，如45倍的物镜搭配10倍的目镜或者15倍的物镜搭配30倍的目镜都可实现450倍的放大。那么对于同一放大倍数，如何合理选用物镜和目镜呢？应先选物镜。一般原则是选择使显微镜的放大倍数在该物镜数值孔径的500~1000倍，即：

$$M = 500A \sim 1000A \tag{1-4}$$

这个范围称为显微镜的有效放大倍数范围，若 $M<500A$，则未能充分发挥物镜的鉴别率；若 $M>1000A$，则形成"虚伪放大"，组织的细微部分将分辨不清。待物镜选定后，再根据所需的放大倍数选用目镜。

1.2.1.4 景深

景深即垂直鉴别率，反映了显微镜对于高低不同的物体能清晰成像的能力。

$$景深 = \frac{1}{7M\sin R} + \frac{\lambda}{2n\sin R} \tag{1-5}$$

式中　　M——放大倍数；

　　　　R——半孔径角；

　　　　λ——波长；

　　　　n——介质折射率。

由式可知，n、R 越大，景深越小；物距增加，景深增加。在进行断口分析时，为获得清晰的断口凹凸图像，景深不能太小。

1.2.1.5 透镜的几何缺陷

单色光通过透镜后，由于透镜表面呈球形，光线不能交于一点，则使放大后的像模糊不清，此现象称为球面像差。

多色光通过透镜后，由于折射率不同，使光线不能交于一点也会造成模糊图像，此现象称为色像差。

减小球面像差的办法：可通过制造物镜时采用不同透镜组合进行校正；调整孔径光栏，适当控制入射光束等办法降低球面像差。

减小色像差办法：可通过物镜进行校正或采用滤色片获得单色光的办法降低色像差。

1.2.2 显微镜的构造

金相显微镜分为立式、卧式及台式三种类型，各种类型又有许多不同的型号。虽然显微镜的型号很多，但基本构造大致相同。图 1-2 为不同型式的金相显微镜的基本构造及光学行程。

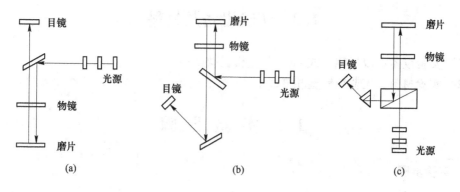

图 1-2　金相显微镜的基本构造及光学行程

现以国产 X 型金相显微镜为例说明其结构和成像原理，如图 1-3 所示。自灯泡（1）发出一束光线，经过聚光透镜（2）的会聚及反光镜（8）的反射，将光线均匀地聚集在孔径光阑（9）上，随后经聚光镜（3）再次将光线聚焦在物镜（6）的后面，最后光线通过物镜而使物体表面得到照明。从物体反射回来的光线又通过物镜和辅助透镜（5），由半反射镜（4）反射后，在经过辅助透镜（11）及棱镜（12）（13）等一系列光学元件构成一个倒立放大的实像。但这一实像还必须经过目镜（14）的再次放大，这样观察者就能从目镜中看到物体表面被放大的像。金相显微镜的实物图如图 1-4 所示。

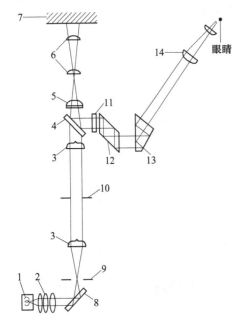

图 1-3　X 型金相显微镜的光学系统

1—灯泡；2—聚光透镜组；3—聚光镜；4—半反射镜；

5，11—辅助透镜；6—物镜组；7—试样；

8—反光镜；9—孔径光阑；10—视场光阑；

12，13—棱镜；14—目镜

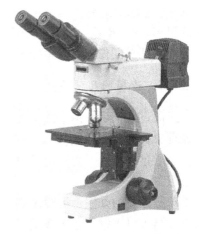

图 1-4　金相显微镜的实物图

1.3　实验设备及材料

（1）实验设备：双目倒置式 4XB-Ⅱ金相显微镜；

（2）实验材料：工业纯铁金相样品。

1.4　实　验　步　骤

1.4.1　实验步骤

（1）每人领取一个实验室制备好的纯铁样品，分别在指定的显微镜上进行观察，从中学会调焦、选用合适的孔径光阑和视场光阑、确定放大倍数及移动载物台的方法。

（2）选用不同的物镜，不同大小的孔径光阑和视场光阑，对样品的同一部分来进行观察，分析影响分辨率的因素，并与实验室内陈列的分辨率与数值孔径、光阑之间关系的照片对照。

（3）描绘观察到的显微组织。金相显微镜是一种比较精密的仪器，使用时必须严格按照操作注意事项进行，具体操作步骤如下：

1）熟悉显微镜的原理和结构，了解各零件的性能和功用。

2）按观察要求，选择适当的目镜和物镜，调节粗调螺丝，将载物台升高，装上物镜，取下目镜盖，装上目镜。

3）将试样放在载物台上，抛光面对着物镜。

4）接通电源，若光源是 6V 低压钨丝灯泡，要注意电源须经降压变压器再接入灯泡。

5）按观察要求，选用适当的滤色片。

6）调节粗调螺丝，使物镜渐渐与试样靠近，同时在目镜中观察视场由暗到明，直到看到显微组织为止，再调节细调螺丝直到看到清晰显微组织为止。注意调节时要缓慢些，切勿使镜头与试样相碰。

7）根据观察到的组织情况，按需要调节孔径光阑和视域光阑到适当位置（使获得组织清晰、衬度均匀的图像）。

8）移动载物台，对试样各部分组织进行观察，观察结束后切断电源，将金相显微镜复原。

1.4.2　使用显微镜时应注意的事项

（1）操作者的手必须洗净擦干，并保持环境的清洁、干燥。

（2）用低压钨丝灯光作光源时，接通电源必须通过变压器，切不可误接在 220V 电源上。

（3）更换物镜、目镜时要格外小心，严防失手落地。

（4）调节样品和物镜前透镜间轴向距离时，必须首先弄清粗调旋钮转向与载物台升降方向的关系，初学者应该先用粗调旋钮将物镜调至尽量靠近样品，但绝不可接触。

（5）仔细观察视场内的亮度，并同时用粗调旋钮缓慢将物镜向远离样品方向调节。待视场内忽然变得明亮甚至出现图像时，换用微调旋钮调至图像最清晰为止。

（6）用油浸物镜时，滴油量不宜过多，用完后必须立即用二甲苯洗净，擦干。

（7）待观察的试样必须完全吹干，用氢氟酸浸蚀过的试样吹干时间要长些，因氢氟酸对镜片有严重腐蚀作用。

1.5　实验报告要求

（1）说明显微镜的构造、光路图及成像原理；

（2）简述操作显微镜的过程及注意事项；

（3）讨论影响金相显微镜分辨率的因素。

实验 2　金相试样的制备

2.1　实　验　目　的

（1）初步掌握制备金相样品的常规方法及要点；

（2）了解影响制样质量的因素及金相特征；

（3）进一步熟悉金相显微镜的操作和使用。

2.2　实　验　原　理

随着科学技术的发展，研究金属材料内部组织的手段也在不断增加。但是，光学金相显微分析仍是一种最基本和最常用的方法。

光学金相显微分析前，需要制备出金相试样，将待观察的试样表面磨制成光亮无痕的镜面，然后经过浸蚀才能分析组织形态。如因制备不当，在观察上出现划痕、凹坑、水迹、变形层或浸蚀过深过浅都会影响正确的分析，因此制备出高质量的试样对组织分析是很重要的。

金相试样制备过程一般包括：取样、粗磨、细磨、抛光和浸蚀五个步骤。

2.2.1　取样

从需要检测的金属材料和零件上截取试样称为"取样"。取样的部位和磨面的选择必须根据分析要求而定。截取方法有多种，对于软材料可以用锯、车、刨等方法；对于硬材料可以用砂轮切片机或线切割机等切割的方法，对于硬而脆的材料可以用锤击的方法。无论用哪种方法都应注意，尽量避免和减轻因塑性变形或受热引起的组织失真现象。试样的尺寸从便于手握持和磨制角度考虑，一般直径或边长为 15~20mm，高为 12~18mm 比较适宜，对那些尺寸过小、形状不规则和需要保护边缘的试样，可以采取镶嵌或机械夹持的办法，如图 2-1 所示。

金相试样的镶嵌，是利用热塑性塑料（如聚氯乙烯）、热固性塑料（如胶木粉）以及冷凝性塑料（如环氧树脂+固化剂）作为填料进行的。前两种属于热镶填料，热镶必须在专用设备——镶嵌机上进行；第三种属于冷镶填料，冷镶方法不需要专用设备，只将适宜尺寸（φ15~20mm）的钢管、塑料管或纸壳管放在平滑的塑料（或玻璃）板上，试样置于管内，待磨面朝下倒入填料，放置一段时间凝固硬化即可。

2.2.2　粗磨

粗磨的目的主要有修整、磨平和倒角三点：

（1）修整。有些试样，例如用锤击法敲下来的试样，形状很不规则，必须经过粗磨、

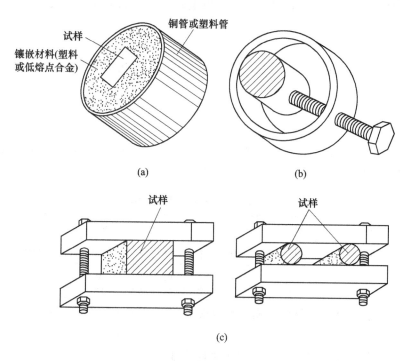

图 2-1　镶嵌及夹持试样

（a）镶嵌试样；（b）环形夹具夹持试样；（c）平板夹具夹持试样

修整为规则形状的试样。

（2）磨平。无论用什么方法取样，切口往往不十分平滑。为了将观察面磨平，同时去掉切割时产生的变形层，必须进行粗磨。

（3）倒角。在不影响观察目的的前提下，需将试样上的棱角磨掉，以免划破砂纸和抛光织物。

黑色金属材料的粗磨在砂轮机上进行，具体操作方法是将试样牢牢地捏住，用砂轮的侧面磨制。在试样与砂轮接触的一瞬间，尽量使磨面与砂轮面平行，用力不可过大。由于磨削力的作用往往出现试样磨面的上半部分磨削量偏大，故需人为地进行调整，尽量加大试样下半部分的压力，以求整个磨面均匀受力。另外，在磨制过程中，试样必须沿砂轮的径向往复缓慢移动，防止砂轮表面形成凹沟。必须指出的是，磨削过程会使试样表面温度骤然升高，只有不断地将试样浸水冷却，才能防止组织发生变化。

砂轮机转速比较快，一般为 2850r/min，操作者不应站在砂轮的正前方，以防被抛出物击伤。操作时严禁戴手套，以免手被卷入砂轮机。

关于砂轮的选择，一般是遵照磨硬材料选稍软些的，磨软材料选择稍硬些的基本原则，用于金相制样方面的砂轮大部分是：磨料粒度为 40 号、46 号、54 号、60 号（数字越大越细）；材料为白刚玉（代号为 GB 或 WA）、绿碳化硅（代号为 TL 或 GC）、棕刚玉（代号为 GZ 或 A）和黑碳化硅（代号为 TH 或 C）等；硬度为中软 1（代号为 ZR1 或 K）的平砂轮，尺寸多为 250mm×25mm×32mm（外径×厚度×孔径）。

有色金属，如铜、铝及其合金等，因材质很软，不可用砂轮而是要用锉刀进行粗磨，以免磨屑填塞砂轮孔隙，且使试样产生较深的磨痕和严重的塑性变形层。

2.2.3　细磨

粗磨后的试样，磨面上仍有较深的磨痕，为了消除这些磨痕必须进行细磨。细磨可分为手工磨和机械磨两种。

2.2.3.1　手工磨

手工磨是将砂纸铺在玻璃板上，左手按住砂纸，右手捏住试样在砂纸上做单向推磨。金相砂纸由粗到细分很多种，其规格可参考表 2-1。

表 2-1　常用金相砂纸的规格

砂纸序号	240	300	400	600	800	1000	1200
粒度/目	160	200	280	400	600	800	1000
编号	01（选一种）		02	03	04	05	06

用砂轮粗磨后的试样，要用金相砂纸依次由 01 号磨至 05 号（或 06 号）。操作时必须注意：

（1）加在试样上的力要均匀，使整个磨面都能磨到。

（2）在同一张砂纸上磨痕方向要一致，并与前一道砂纸磨痕方向垂直。待前一道砂纸磨痕完全消失时才能换用下一道砂纸。

（3）每次更换砂纸时，必须将试样、玻璃板清理干净，以防将粗砂粒带入细砂纸上。

（4）磨制时不可用力过大，否则一方面因磨痕过深增加下一道磨制的困难，另一方面因表面变形严重影响组织真实性。

（5）砂纸的砂粒变钝磨削作用明显下降时，不要继续使用；否则砂粒在金属表面产生的滚压会增加表面变形。

（6）磨制铜、铝及其合金等软材料时，用力更要轻，可同时在砂纸上滴些煤油，以防脱落砂粒嵌入金属表面。

砂纸磨光表面变形层消除过程如图 2-2 所示。

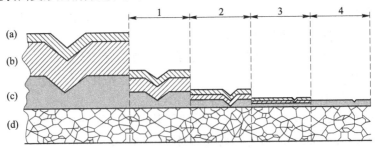

图 2-2　砂纸磨光表面变形层消除过程示意图

（a）严重变形层；（b）较大变形层；（c）微小变形层；（d）无变形原始组织

1—第一步磨光后试样表面的变形层；2—第二步磨光后试样表面的变形层；

3—第三步磨光后试样表面的变形层；4—第四步磨光后试样表面的变形层

用金相水砂纸手工磨制时可加水也可以干磨。但是在干磨过程中，脱落的砂粒和金属磨屑留在砂纸上，随着移动的试样来回滚动，砂粒间的相互挤压以及金属屑黏在砂粒缝隙中，都会使砂纸磨削寿命减短，试样表面变形层严重，摩擦生热还可能引起组织变化。为克服干磨的弊端，目前多采用手工湿磨的方法，所用砂纸是水砂纸，其规格可参考表 2-1。

用水砂纸手工磨制的操作方法和步骤与用金相砂纸磨制完全一样，只是将水砂纸置于流动水下边冲边磨，由粗到细依次更换数次，最后磨到 1000 号或 1200 号砂纸。因为水流不断地将脱落砂粒、磨屑冲掉，使砂纸的磨削寿命较长。实践证明：湿磨试样磨制的速度快、质量高，有效地弥补了干磨的不足。

2.2.3.2　机械磨

目前普遍使用的机械磨设备是预磨机。电动机带动铺着水砂纸的圆盘转动，磨制时，将试样沿盘的径向来回移动，用力要均匀，边磨边用水冲。水流既起到冷却试样的作用，又可借助离心力将脱落砂粒、磨屑等不断冲到转盘边缘。机械磨的磨削速度比手工磨制快得多，但平整度不够好，表面变形层也比较严重，因此要求较高的或材质较软的试样应该采用手磨制。机械磨所用水砂纸规格与手工湿磨相同，可参考表 2-1。

2.2.4　抛光

抛光的目的是去除细磨后遗留在磨面上的细微磨痕，得到光亮无痕的镜面。抛光的方法有机械抛光、电解抛光和化学抛光三种，其中最常用的是机械抛光。

2.2.4.1　机械抛光

机械抛光在抛光机上进行，将抛光织物（粗抛常用帆布，精抛常用毛呢）用水浸湿、铺平、绷紧固定在抛光盘上。启动开关使抛光盘逆时针转动，将适量的抛光液（氧化铝、氧化铬或氧化铁抛光粉加水的悬浮液）滴洒在抛光盘上即可进行抛光，抛光时应注意：

（1）试样沿抛光盘的径向往返缓慢移动，同时逆抛光盘转向自转，待抛光快结束时作短时定位轻抛。

（2）在抛光过程中，要经常滴加适量的抛光液或清水，以保持抛光盘的湿度，如发现抛光盘过脏或带有粗大颗粒时，必须将其冲刷干净后再继续使用。

（3）抛光时间应尽量缩短，不可过长，为满足这一要求可分粗抛和精抛两步进行。

（4）抛光有色金属（如铜、铝及其合金等）试样时，最好在抛光盘上涂少许肥皂或滴加适量的肥皂水。

机械抛光与细磨本质上都是借助磨料尖角锐利的刃部，切去试样表面隆起的部分。抛光时，抛光织物纤维带动稀疏分布的极微细的磨料颗粒产生磨削作用，将试样抛光。

目前，人造金刚石研磨膏（最常用的有 W0.5、W1.0、W1.5、W2.5 和 W3.5 五种规格的溶水性研磨膏）代替抛光液，正得到日益广泛的应用，用极少的研磨膏均匀涂在抛光织物上进行抛光，抛光速度快，质量也好。

2.2.4.2　电解抛光

电解抛光原理示意如图 2-3 所示，阴极用不锈钢板制成，试样本身为阳极，两者同处于电解抛光液中，接通回路后在试样表面形成一层高电阻膜。由于试样表面高低不平，膜的厚薄也不同。试样表面凸起部分膜薄的电阻小，电流密度大，金属溶解速度快。相对而言，凹下部分溶解速度慢，这种选择性溶解结果，使试样表面逐渐平整，最后形成光滑平面。

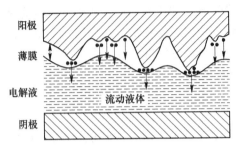

图 2-3　电解抛光原理示意图

电解抛光是电化学溶解过程，因此消除了机械抛光难以避免的毛病，不会引起试样表面变形。与机械抛光比较，电解抛光既省时间又操作简便。然而，电解抛光也有其局限性，因其对材料化学成分不均匀的偏析组织以及非金属夹杂物等比较敏感，会造成局部强烈浸蚀而形成斑坑。另外，镶嵌在塑料内的试样，因不导电也不适用。故目前仍然以机械抛光为主。

铜合金、铝合金、奥氏体不锈钢及高锰钢等材料常用电解抛光。

2.2.4.3　化学抛光

化学抛光是依靠化学试剂对试样表面凹凸不平区域的选择性溶解作用将磨痕去除的一种方法。化学抛光不需要专用设备，成本低，操作方便，在抛光的同时还兼有化学浸蚀作用，省掉了抛光后的浸蚀步骤。但化学抛光的试样平整度略差些，仅适于低、中倍观察。

对于一些软金属，如锌、铅、锡、铜等。实践证明，利用化学抛光要比机械抛光和电解抛光效果好。目前，其应用范围在逐渐扩大。

化学抛光液，大多数由酸或者混合酸（如草酸、磷酸、铬酸、醋酸、硝酸、硫酸、氢氟酸等）、过氧化氢及蒸馏水组成。混合酸主要起化学溶解作用，过氧化氢能增进金属表面的活化性，有助于化学抛光的进行，而蒸馏水为稀释剂。

2.2.4.4　浸蚀

抛光后的试样在金相显微镜下观察，只能看到光亮的磨面，如果有划痕、水迹或原料中的非金属夹杂物、石墨以及裂纹等也可以看出来，但是要分析金相组织还必须进行浸蚀。

浸蚀的方法有多种，最常用的是化学浸蚀法，利用浸蚀剂（见表 2-2）对试样的化学溶解和电化学浸蚀作用将组织显露出来。纯金属（或单相均匀固溶体）的浸蚀基本上为化学溶解过程。位于晶界处的原子和晶粒内部原子相比，自由能较高，稳定性较差，故易受浸蚀形成凹沟，晶粒内部被浸蚀程度较轻，大体上仍保持原抛光平面。在明场下观察，可以看到一个个晶粒被晶界（黑色网络）隔开。如浸蚀较深，还可以发现各个晶粒明暗程度不同的现象，这是因为每个晶粒原子排列的位向不同，浸蚀后以最密排面为主的外露面与原抛光面之间倾斜程度不同的缘故。

表 2-2　常用的化学浸蚀剂

序号	浸蚀剂名称	成分	适用范围	使用要点
1	硝酸酒精溶液	硝酸：1~5mL 酒精：100mL	碳钢及低合金钢的组织	硝酸含量按材料选择，浸蚀数秒钟
2	苦味酸酒精溶液	苦味酸：2~10g 酒精：100mL	对钢铁材料的细密组织显示较清晰	浸蚀时间数秒钟至数分钟
3	苦味酸盐酸酒精溶液	苦味酸：1~5g 盐酸：5mL 酒精：100ml	显示淬火及淬火回火后钢的晶粒和组织	浸蚀时间较苦味酸酒精溶液快些，约数秒钟至 1min
4	苛性钠苦味酸水溶液	苛性钠：25g 苦味酸：2g 水：100g	钢中的渗碳体染成暗黑色	加热煮沸浸蚀 5~30min
5	氯化铁盐酸水溶液	氯化铁：5g 盐酸：50g 水：100g	显示不锈钢、奥氏体高镍钢、铜及铜合金组织	浸蚀至显现组织
6	王水甘油溶液	硝酸：10mL 盐酸：20~30mL 甘油：30mL	显示奥氏体镍铬合金等组织	先用盐酸与甘油充分混合，然后加入硝酸，试样浸蚀前用热水预热
7	氨水双氧水溶液	氨水（饱和）：50mL 3%双氧水溶液：50mL	显示铜及铜合金组织	配好后马上使用，用棉花蘸擦
8	氯化铜氨水溶液	氯化铜：8g 氨水（饱和）：100mL	显示铜及铜合金组织	浸蚀 30~50s
9	混合酸	氢氟酸（浓）：1mL 盐酸：1.5mL 硝酸：2.5mL 水：95mL	显示硬铝组织	浸蚀 10~20s，或用棉花蘸擦
10	氢氟酸水溶液	氢氟酸（浓）：0.5mL 水：99.5mL	显示一般铝合金组织	用棉花擦拭
11	苛性钠水溶液	苛性钠：1g 水：90mL	显示铝及铝合金组织	浸蚀数秒钟

两相合金的浸蚀与单相合金不同，它主要是一个电化学浸蚀过程。在相同的浸蚀条件下，具有较高负电位的相（微电池阳极）被迅速溶解凹陷下去；具有较高正电位的相（微电池阴极 t_R）在正常电化学作用下不被浸蚀，保持原有的光滑平面，结果产生了两相之间的高度差。多相合金的浸蚀，同样也是一个电化学溶解过程，原理与两相合金相同。

化学浸蚀的方法虽然很简单，但是只有认真对待才能制备出高质量的试样。将抛光后的试样用水冲洗的同时用脱脂棉擦净磨面，然后用吸水纸吸去磨面上过多的水，吹干后用显微镜检查磨面上是否有道痕、水迹等。同时，证明未经过浸蚀的试样是无法分析组织的，经检查后合格的试样可以放在浸蚀剂中，抛光面朝上，不断观察表面颜色的变化，这是浸蚀法。也可以用沾有浸蚀剂的棉花轻轻擦拭抛光面，观察表面颜色的变化，此为擦蚀法。待试样表面被浸蚀得略显灰暗时立刻取出，用流水冲洗后在浸蚀面上滴些酒精，再用滤纸吸去过多的水和酒精，迅速用吹风机吹干，完成整个制备试样的过程。图 2-4 为浸蚀显示原理示意图。

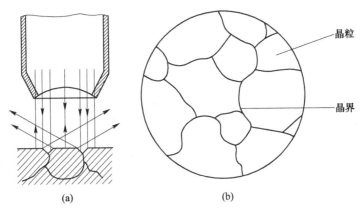

图 2-4　浸蚀显示原理示意图

(a) 晶界处光线的散射；(b) 组织显示，直射光反映为亮色晶粒，散射光反映为暗色晶界

关于浸蚀剂的选择可参考有关文献，钢及铸铁等黑色金属最常用的浸蚀剂为 4% 硝酸酒精溶液。

浸蚀后的试样在显微镜下观察时，当发现表面变形层严重影响组织的清晰度时，可采取反复抛光、浸蚀的办法去除变形层。

2.3　实验设备及材料

(1) 实验设备：金相显微镜，抛光机（共用）；

(2) 实验材料：每人发金相试样一块；每人发砂纸一套，玻璃板一块；脱脂棉、抛光剂、吹风机、酒精、硝酸酒精溶液。

2.4　实　验　步　骤

金相试样的制备包括取样、磨制、抛光、浸蚀四个步骤，制备好的试样应能观察到真实组织、无磨痕、水迹。

(1) 取样的部位和磨面应根据检验目的选取具有代表性的部位。例如，检验表面脱碳层的厚度应取横向截面、观察纵裂纹就要取纵向截面。试样的截取方法很多，例如用手锯、机床截取、线切割等，但必须注意的是在取样过程中要防止试样受热或变形而引起的组织变化，破坏了其组织的真实性。为防止受热可在截取过程中用冷却液冷却试样。金相试样的尺寸要便于手握持和易于磨制，常用的试样尺寸为：$\phi 12\text{mm} \times 10\text{mm}$ 或 $12\text{mm} \times 12\text{mm} \times 10\text{mm}$，如果不是观察表面组织，可以倒角便于磨制。根据需要，例如观察表面渗碳层的厚度，为防止在磨制过程中发生倒角，应采用镶嵌法，把试样镶嵌在热塑性塑料或热固性塑料中，所用试样为车削好的 $\phi 10mm \times 20mm$ 45 钢试样。

（2）磨制是最关键的步骤，磨制质量的好坏直接决定了试样的好坏。

1）粗磨：将试样在砂轮上或用粗砂纸制成平面，磨制时使试样受力均匀，压力不要太大。

2）精磨：粗磨好的试样用清水冲干后，依次用 01 号、02 号、03 号、04 号金相砂纸把磨面磨光。磨制时应把砂纸放在玻璃板或平整的桌面上，左手按住砂纸，右手握住试样，用力均匀、平稳，沿一个方向反复进行，直到旧的磨痕被去掉，不要来回磨制。注意：在调换更细一号砂纸时，应将试样上的磨屑和砂粒清除干净，并转动 90°角，使新、旧磨痕垂直。

（3）抛光：抛光的目的是去除磨面上细的磨痕和变形层，以获得光滑的镜面。机械抛光是在抛光机上进行的。在抛光盘上固定一层织物，如毛织物、丝织物或人造纤维织物等。抛光盘以 $200 \sim 600r/min$ 的速度旋转，将抛光磨料（Al_2O_3或其他）加在上面即可进行抛光。注意：抛光时用力要均匀，不要太大，以免试样飞出。抛光后先用清水冲洗试样再用无水酒精清洗，然后用吹风机吹干。

（4）浸蚀：采用化学浸蚀法，碳钢及低合金钢一般采用 4%硝酸酒精溶液浸蚀 $15 \sim 20s$ 即可。浸蚀后用清水冲洗干净再用无水酒精冲洗，然后用吹风机吹干。

2.5　实验报告要求

（1）根据自己的体会，简述金相试样的制备过程、组织显示方法和注意事项；

（2）讨论观察试样时所用显微镜的参数。

实验 3　二元合金的显微组织设计与观察

3.1　实 验 目 的

（1）根据凝固理论，利用二元相图，在金相显微镜下识别二元合金组织特征，进行显微组织分析；

（2）结合相图了解几种典型二元合金，通过实验加深对理论教学课程"凝固""相图"的认识。

3.2　实 验 原 理

合金成分不同时，二元合金可构成不同的组织，成分相同、凝固及处理条件不同时，也可构成不同的组织。合金的显微组织与合金的成分、组成相的性质、冷却速度及其他处理条件、组成相相对量等因素有关，一般可有以下几种组织。

3.2.1　单相固溶体

固溶体结晶时，先从溶体中析出的固相成分与后从溶体中析出的固相成分是不同的。冷却速度慢（平衡凝固）时，固相原子经过充分扩散，因而可以得到成分均匀的单相固溶体；冷却速度快时，固相原子来不及扩散均匀，从而使凝固结束后晶粒内各部分存在浓度差别，故各处耐腐蚀性能不同，浸蚀后在显微镜下呈现树枝状特征。下面以 Cu-30%Ni 合金为例进行说明。

Cu-30%Ni 铜合金铸态组织图为热力学不平衡组织（见图 3-1（b）），在固态均匀化退火后，则出现类似纯金属一样的多边形晶粒，Cu-30%Ni 铜合金均匀化退火组织图所示为单相固溶体平衡组织（见图 3-1（c）），铜合金铸态组织为单相固溶体组织存在晶内偏析、呈树枝状。图 3-1（a）为 Cu-Ni 二元合金相图，由相图可知，二元铜镍合金不论含镍多少均为单一的 α 相固溶体，由于液相线和固相线的水平距离较大，加之镍在铜中的扩散速度很慢，因而 Cu-Ni 二元合金的铸造组织均存在明显的偏析。凝固时，晶体前沿液体中出现了成分过冷，形成负的温度梯度，故晶体以树枝状方式生长。电子探针微区分析结果表明，组织中白亮部分（枝干部位）含高熔点组元 Ni 的比例较高，比较耐腐蚀，因而呈白色；而暗黑部分（枝间部位）含低熔点组元 Cu 较多，不耐腐蚀，因而呈黑色。这种组织（见图 3-1（b））称为枝晶偏析组织（晶内偏析），枝干与枝间的化学成分不均匀，这种树枝状组织甚至可一直保持到热加工之后。

对铸造高温合金来说，这种树枝状组织是有益的，它能够提高高温强度，而对一般需进行塑性变形加工的合金来说，由于增加了形变阻力，因而是无益的，此时可以用扩散退火来减小或消除这种不均匀的组织。消除了晶内偏析的 Cu-Ni 合金的显微组织特征为单相固溶体，其内晶粒和晶界清晰可见，如图 3-1（c）所示。

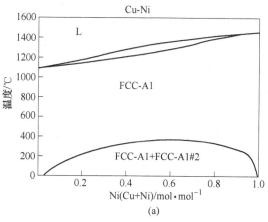

(a)

状态：非平衡结晶

腐蚀剂:FeCl₃酒精溶液+10% HCl 溶液

放大倍数:120×

组织分析:非平衡结晶形成的树枝状

组织，白色富含Ni，黑色富含Cu

(b)

状态：均匀化退火

腐蚀剂:2% K₂Cr₂O₇+8% H₂SO₄水溶液

放大倍数:100×

组织分析:等轴状的α固溶体晶粒

(c)

图 3-1 Cu-Ni 二元合金相图及显微组织

（a）Cu-Ni 二元系相图；（b）（c）Cu-30%Ni 合金显微组织

3.2.2 二元合金中初晶和共晶特征

在凝固过程中，首先从液相中析出的相称为初晶相。初晶的形态在很大程度上取决于液-固界面性质。若初晶是纯金属或以纯金属为溶剂的固溶体，一般具有树枝状特征，金相磨面上呈椭圆形或不规则形状。若初晶为亚金属、非金属或中间相，一般具有较规则外形（如多边形、三角形、正方形、针状、菱形等）。

在凝固过程中，同时从液相中析出的组织通常称为共晶组织。二元共晶由两相组成，由于组成相性质、凝固时冷却速度、组成相相对量的不同，可构成多种形态。共晶体按组织形态可分为层片状、球状、点状、针状、螺旋状、树枝状、花朵状等几类。二元共晶由两相组成，一般比初晶细。

Al-Si 系合金是航空工业应用最广泛的一类铸造合金，具有良好的工艺性和抗蚀性。简单二元 Al-Si 合金，如 ZL-7，铸造性很好，但强度较低。添加其他组元，如镁、铜后，由于增加了热处理强化效应而提高了合金的机械性能。根据 Al-Si 二元合金相图（见图 3-2（a）），共晶成分是 12.6% 硅，共晶温度为 577℃，硅在 α 固溶体中的溶解度在577℃时为 1.65%，室温时降至 0.05%。铸造合金为了保证良好的铸造工艺性，一般希望接近共晶成分。Al-Si 系合金的特点是共晶点含硅量不太高，这样既可保证合金组织中形成大量的共晶体，以满足铸造工艺方面的要求，又不至于因第二相数量过多而使材料的塑性严重降低。

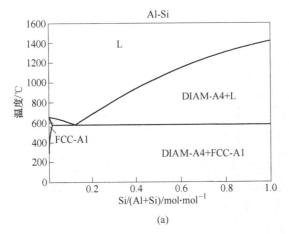

(a)

状态：铸造、慢冷
腐蚀剂：未浸蚀
放大倍数：120×
组织分析：过共晶组织，Si块状初晶+
　　　　　（Al+Si)细针状共晶

(b)

状态：铸造、快冷
腐蚀剂：0.5% HF水溶液
放大倍数：100×
组织分析：亚共晶组织，Al树枝状初晶白色+
　　　　　（Al+Si)细针状共晶

(c)

图 3-2　Al-Si 二元系相图及其组织

（a）Al-Si 二元系相图；（b）（c）Al-12.6%Si 合金显微组织

ZL-7 合金的含硅量为 10.2%~13.0%，即处于共晶点附近，平衡组织为 α+Si。共晶硅呈粗针状或片状，有时组织中也可能出现少量块状初生硅。此外，由于合金中杂质铁允许含量较高，因此还存在一些杂质相，如 α($Fe_2Si_2Al_9$) 和 β(Fe_3SiAl_{12})。

在 Al-10%Fe 合金中，初晶相比例较大，呈长条状，如图 3-3 所示。从 Al-Fe 二元相图可知，富 Al 的 Al-Fe 系二元合金也有同样规律，也存在共晶反应，共晶成分点为 99.95% Al，因而初晶相比例较大。

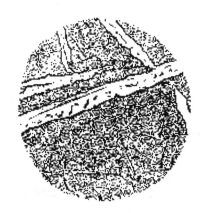

状态：铸造
腐蚀剂：未浸蚀
放大倍数：120×
组织分析：θ($FeAl_3$)长条状初晶+(θ+Al)共晶

图 3-3　Al-10%Fe 合金显微组织

3.2.3　二元合金中共析组织特征

共析转变产物组织一般是两相大致平行、互相交替的片层所组成的领域，也有呈球状的，比共晶更为细小。图 3-4 中所示的 Cu-Al 系共析组织即属此类。

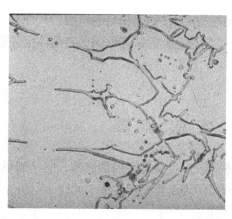

状态：铸造
腐蚀剂：0.5%HF水溶液
放大倍数：200×
组织分析：(Cu)初晶+Al_4Cu_9

图 3-4　Cu-10%Al 合金的显微组织

3.2.4　二元合金中包晶组织特征

在常规凝固过程中，包晶成分的合金在冷却到液相线以下温度时，初晶相首先析出；冷却到包晶转变温度以下时，在固-液相界面前沿析出包晶反应生成物，且其包围着先析出相生长。冷速缓慢时，原子会由新相向界面扩散，随包晶转变继续进行，最后得到成分均匀的多边形晶粒。与单相固溶体组织相比，该包晶组织并没有特殊之处。铸造生产中冷却快的条件下，扩散来不及充分进行，凝固的组织中会看到残留的、被包晶反应生成相所包围的先结晶相。对于非包晶成分的合金，具有过量的先结晶固相时，即使缓慢冷却，也会出现"包晶"组织。快速凝固时，先结晶相的残留量增多，如图 3-5 所示。

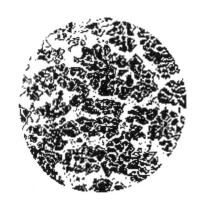

状态：铸造

腐蚀剂：3%硝酸酒精溶液

放大倍数：100×

组织分析：包晶反应不平衡组织+隐蔽共晶

图 3-5   Fe-16%Sb 合金的显微组织

3.3   实验设备及材料

（1）实验设备：金相显微镜。

（2）试验材料：

1）固溶体合金：具有枝晶偏析的铸态组织，均匀化后的组织；

2）共晶系合金：共晶、亚共晶及过共晶合金的铸态组织，共晶体应包括金属-金属型和金属-非金属型两类；

3）包晶组织。

3.4   实 验 步 骤

在学习二元相图的知识后，进行本实验。由实验室提供试样，同学们根据二元相图的知识，判别各合金组织类型，分析各种组织形态特征，弄清二元合金组织分析方法。

3.5   实验报告要求

（1）在实验报告中绘出组织示意图，应注明合金成分、状态、放大倍数及各组织组成物的名称等；

（2）从标准样品的显微组织中分清组织组成物及组织特征，说明确定某相/组织的根据；

（3）结合相图讨论不同类型二元合金的结晶过程和缓慢冷却时所获得组织的一般规律；

（4）选择1~2种合金计算其平衡组织中各相的相对含量，并测出对应试样金相面上各相的面积分数；

（5）在完成的实验报告中，尽量做到准确、简练地讨论各种组织。

实验 4　铁碳合金的平衡组织

4.1　实验目的

（1）认识和熟悉铁碳合金平衡状态下的显微组织特征；

（2）了解含碳量对铁碳合金平衡组织的影响，建立起 Fe-Fe$_3$C 状态图与平衡组织的关系；

（3）了解平衡组织的转变规律并能应用杠杆定律。

4.2　实验原理

平衡状态是指铁碳合金在极为缓慢的冷却条件下完成转变的组织状态。在实验条件下，退火状态下的碳钢组织可以看成是平衡组织。

图 4-1 是以组织组成物表示的铁碳合金相图。在室温下碳钢和白口铸铁的组织都是由铁素体和渗碳体两种基本相构成。但是由于含碳量不同、合金相变规律的差异，致使铁碳合金在室温下的显微组织呈现出不同的组织类型。表 4-1 列出了各种铁碳合金在室温下的显微组织。

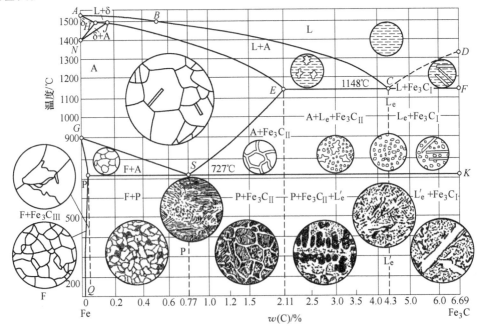

图 4-1　以组织组成物表示的铁碳合金相图

表 4-1　各种铁碳合金在室温下的显微组织

合金分类		含碳量/%	显微组织
工业纯铁		<0.0218	铁素体（F）
碳钢	亚共析钢	0.0218~0.77	F+珠光体（P）
	共析钢	0.77	P
	过共析钢	0.77~2.11	P+二次渗碳体（Fe_3C_{II}）
白口铸铁	亚共晶白口铸铁	2.11~4.3	P+二次渗碳体(Fe_3C_{II})+莱氏体（L_e）
	共晶白口铸铁	4.3	L_e
	过共晶白口铸铁	4.3~6.69	L_e+二次渗碳体（Fe_3C_{II}）

铁碳合金显微组织中，铁素体和渗碳体两种相经硝酸酒精溶液浸蚀后均呈白亮色，而它们之间的相界则呈黑色线条。采用煮沸的碱性苦味酸钠溶液浸蚀，铁素体仍为白色，而渗碳体则被染成黑色。下面介绍铁碳合金的各种基本组织特征。

4.2.1　工业纯铁

含碳量小于 0.0218%的铁碳合金称为工业纯铁，其显微组织为单相铁素体或铁素体+极少量三次渗碳体。工业纯铁为单相铁素体时，显微组织由亮白色的呈不规则块状晶粒组成，黑色网状线即为不同位向的铁素体晶界，如图 4-2（a）所示；当显微组织中有三次渗碳体时，则在某些晶界处看到呈双线的晶界线，表明三次渗碳体以薄片状析出于铁素体晶界处，如图 4-2（b）所示。

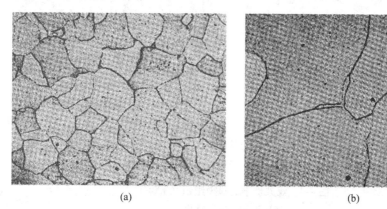

（a）　　　　　　　　　　　　　　（b）

图 4-2　工业纯铁的显微组织
（a）250×；（b）700×

4.2.2　碳钢

碳钢按含碳量的不同，将组织类型分为三种：共析钢、亚共析钢和过共析钢，下面介绍其组织特征。

（1）共析钢：含碳量为 0.77%的铁碳合金称为共析钢，其显微组织是珠光体。珠光体是层片状铁素体和渗碳体的机械混合物。两相的相界是黑色的线条，在不同放大倍数下观察，则具有不同的组织特征，在高倍数（>500 倍）电镜下观察时，能清晰地分辨珠光体中平行相间的宽条铁素体和细片状渗碳体，如图 4-3（a）所示。在 300～400 倍光学显微镜下观察时，由于显微镜的鉴别能力小于渗碳体片厚度，这时所看到的渗碳体片就是一条黑线，如图 4-3（b）所示。珠光体有类似指纹的特征。

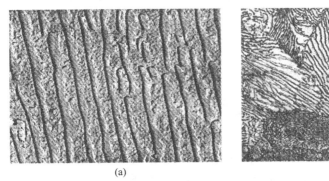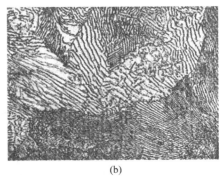

（a）　　　　　　　　　　　　　　　（b）

图 4-3　共析钢的珠光体组织

（a）800×；（b）300×

（2）亚共析钢：含碳量为 0.0218%～0.77% 的铁碳合金称为亚共析钢，室温下的显微组织是铁素体+珠光体。铁素体呈白色不规则块状晶粒，珠光体在放大倍数较低或浸蚀时间长、浸蚀液浓度较大时，则为黑色块状晶粒，如图 4-4 所示。

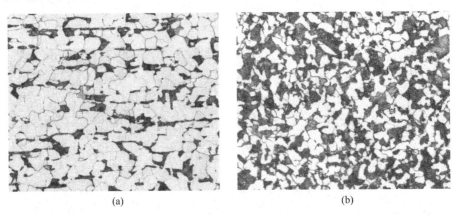

（a）　　　　　　　　　　　　　　　（b）

图 4-4　亚共析钢的显微组织（300×）

（a）20 钢；（b）45 钢

在亚共析钢的组织中，随着含碳量的增加，组织中的珠光体量也增加。在平衡状态下，亚共析钢组织中的铁素体和珠光体的相对量可应用杠杆定律计算。通过在显微镜下观察组织中珠光体和铁素体各自所占面积的百分数，可以近似估算出钢的含碳量，即钢的含碳量≈珠光体所占面积百分数×0.77%。

（3）过共析钢：含碳量为 0.77%～2.11% 的铁碳合金称为过共析钢，室温下的显微组织为珠光体+二次渗碳体。二次渗碳体呈网状分布在原奥氏体的晶界上，随着钢的含碳量增加，二次渗碳体网加宽，用硝酸酒精溶液浸蚀时，二次渗碳体网呈亮白色，如图 4-5（a）所示。若用煮沸的碱性苦味酸钠溶液浸蚀，则二次渗碳体呈黑色，如图 4-5（b）所示。

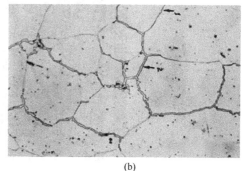

(a)　　　　　　　　　　　　　　　　　　(b)

图 4-5　过共析钢的显微组织（300×）

（a）3%硝酸酒精溶液；（b）碱性苦味酸钠溶液

4.2.3　白口铸铁

白口铸铁的含碳量为 2.11%～6.69%。在白口铸铁的组织中含有较多的渗碳体相，其宏观断口呈白亮色，因而得名。按含碳量不同，其组织类型分为以下三种。共晶白口铸铁、亚共晶白口铸铁和过共晶白口铸铁。

（1）共晶白口铸铁：共晶白口铸铁的含碳量为 4.3%，室温显微组织是低温莱氏体。低温莱氏体是珠光体和渗碳体的机械混合物，如图 4-6 所示。其中白亮的基体是渗碳体，显微组织中的黑色细小颗粒和黑色条状的组织是珠光体。

（2）亚共晶白口铸铁：亚共晶白口铸铁的含碳量为 2.11%～4.3%，室温的显微组织是珠光体+二次渗碳体+莱氏体，如图 4-7 所示。图中较大块状黑色部分是珠光体，呈树枝状分布，其周边的白亮轮廓为二次渗碳体，在白色基体上分布有黑色细小颗粒和黑色细条状的组织是莱氏体。通常二次渗碳体与共晶渗碳体（即莱氏体中的渗碳体）连在一起，又都是白亮色，因此难以明确区分。

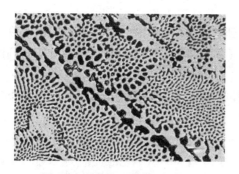
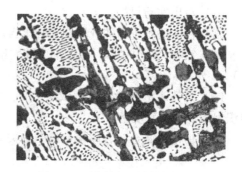

图 4-6　共晶白口铸铁（100×）　　　　　图 4-7　亚共晶白口铸铁（100×）

（3）过共晶白口铸铁：过共晶白口铸铁的含碳量为 4.3%～6.69%，其室温的显微组织为莱氏体+ 一次渗碳体，如图 4-8 所示。图中呈白亮色的大板条状（立体形态为粗大片状）的是一次渗碳体，其余部分为莱氏体。

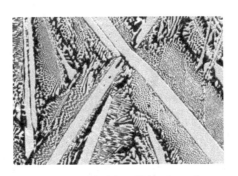

图 4-8　过共晶白口铸铁（200×）

4.3　实验设备及材料

（1）实验设备：金相显微镜；

（2）实验材料：二元合金样品。

4.4　实　验　步　骤

（1）每个学生实验前认真阅读实验指导书，明确实验目的、任务。

（2）认真了解所使用的仪器型号，操作方法及注意事项。

（3）观察八种试样，根据铁碳合金相图判断各组织组成物，区分显微镜下看到的各种组织。工业纯铁试样 1 个，亚共析钢试样 2 个、共析钢试样 1 个、过共析钢试样 1 个、亚共晶白口铸铁试样 1 个、共晶白口铸铁试样 1 个、过共晶白口铸铁试样 1 个。

4.5　实验报告要求

（1）写出实验目的；

（2）在实验报告中的视场圆中画出自己观察到的试样的组织图，标明各组织组成物名称、材料名称、处理状态、浸蚀剂、放大倍数等（不要将划痕、夹杂物、锈蚀坑等画到图上）；

（3）计算碳钢（亚共析钢试样 2 个、共析钢试样 1 个、过共析钢试样 1 个）室温下各组织组成物的相对质量；

（4）讨论铁碳合金含碳量与组织的关系。

实验 5　碳钢热处理的显微组织

5.1　实　验　目　的

（1）观察碳钢经不同热处理后的基本组织；
（2）了解热处理工艺对钢组织和性能的影响；
（3）熟悉碳钢中珠光体、马氏体、贝氏体等几种典型热处理组织的形态及特征。

5.2　实　验　原　理

　　碳钢经退火、正火可得到平衡或接近平衡组织，经淬火得到的是不平衡组织。铁碳合金缓冷后的显微组织基本上与铁碳相图所预料的各种平衡组织相符合，但在快冷条件下的显微组织就不能用铁碳合金相图来加以分析，而应由过冷奥氏体等温转变曲线（C 曲线）来确定。图 5-1 为共析碳钢的 C 曲线图。

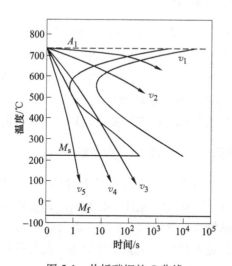

图 5-1　共析碳钢的 C 曲线

　　铁碳相图能说明慢冷时合金的结晶过程和室温下的组织以及相的相对量，C 曲线则能说明一定成分的钢在不同冷却条件下所得到的组织。C 曲线适用于等温冷却条件；而 CCT 曲线（奥氏体连续冷却曲线）适用于连续冷却条件。

　　按照不同的冷却条件，过冷奥氏体将在不同的温度范围发生不同类型的转变。通过金相显微镜观察，可以看出过冷奥氏体各种转变产物的组织形态各不相同。

5.2.1　共析钢等温冷却时的显微组织

共析钢过冷奥氏体在不同温度等温转变的组织及性能列于表5-1中。

表5-1　相转变温度与组织特征

转变类型	组织名称	温度范围/℃	显微组织特征	硬度 HRC
珠光体型相变	珠光体（P）	>650	在400~500×金相显微镜下可以观察到铁素体和渗碳体的片层状组织	约20（HB180~200）
	索氏体（S）	600~650	在800~1000×的显微镜下才能分清片层状特征，在低倍下片层模糊不清	25~35
	屈氏体（T）	550~600	用光学显微镜观察时呈黑色团状组织，只有在电子显微镜5000~15000×下才能看出片层状	35~40
贝氏体型相变	上贝氏体（B上）	350~550	在金相显微镜下呈暗灰色的羽毛状特征	40~48
	下贝氏体（B下）	230~350	在金相显微镜下呈黑色针叶状特征	48~58
马氏体型相变	马氏体（M）	<230	在正常淬火温度下呈细针状马氏体，过热淬火时则呈粗大片状马氏体	60~65

5.2.2　共析钢连续冷却时的显微组织

共析钢为奥氏体，在慢冷时（相当于炉冷，见图5-1的 v_1）应得到100%珠光体；当冷却速度增大到 v_2 时（相当于空冷），得到的是较细的珠光体，即索氏体或屈氏体；当冷却速度增大到 v_3 时（相当于油冷），得到的是屈氏体和马氏体；当冷却速度增大到 v_4、v_5（相当于水冷），很大的过冷度使奥氏体骤冷到马氏体转变开始点（ M_s ）后，瞬时转变为马氏体。其中与C曲线鼻尖相切的冷却速度（ v_4 ）称为淬火的临界冷却速度。

5.2.3　亚共析钢和过共析钢连续冷却时的显微组织

亚共析钢的C曲线与共析钢相比，只是在其上部多了一条铁素体先析出线，如图5-2所示。当奥氏体缓冷时（相当于炉冷，见图5-2的 v_1）转变产物接近平衡组织，即珠光体和铁素体。随着冷却速度的增大，即 $v_3 > v_2 > v_1$ 时，奥氏体的过冷度逐渐增大，析出的铁素体越来越少，而珠光体的量逐渐增加，组织变得更细，此时析出的少量铁素体大多分布在晶粒的边界上。

5.2.4　各组织的显微特征

（1）**索氏体（S）** 是铁素体与渗碳体的机械混合物，其片层比珠光体更细密，在高倍（700倍以上）显微放大时才能分辨。

（2）**屈氏体（T）** 也是铁素体与渗碳体的机械混合物，片层比索氏体还细密，在一般光学显微镜下也无法分辨，只能看到如墨菊状的黑色形态。当其少量析出时，沿晶界分布，呈黑色网状，包围着马氏体；当析出量较多时，呈大块黑色团状，只有在电子显微镜下才能分辨其中的片层，如图 5-3 所示。

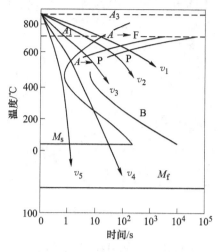

图 5-2　亚共析钢的 C 曲线

图 5-3　屈氏体+马氏体

（3）**贝氏体（B）** 为奥氏体的中温转变产物，它也是铁素体与渗碳体的两相混合物。在显微形态上，主要有上贝氏体、下贝氏体、粒状贝氏体三种形态。

1）**上贝氏体**是由成束平行排列的条状铁素体和条间断续分布的渗碳体所组成的非层状组织，如图 5-4 所示。

2）**下贝氏体**是在片状铁素体内部沉淀有碳化物的两相混合物组织。它比淬火马氏体易受浸蚀，在显微镜下为黑色针状，如图 5-5 所示。在电镜下可以看到，在片状铁素体基体中分布有很细的碳化物片，它们大致与铁素体片的长轴成 $55°\sim60°$ 的角度。

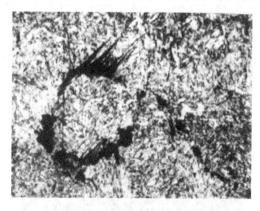

图 5-4　上贝氏体+马氏体

图 5-5　下贝氏体

3）**粒状贝氏体**是最近十几年才被确认的组织。在低、中碳合金钢中，特别是连续冷却时（如正火、热轧空冷或焊接热影响区）往往容易出现，在等温冷却时也可能形成。它的形成温度范围大致在上贝氏体转变渐变区的上部，由铁素体及其所包围的小岛状组织所组成。

（4）**马氏体（M）** 是碳在 α-Fe 的过饱和固溶体。马氏体的形态按含碳量主要分两种，即板条状和针状，如图 5-6 和图 5-7 所示。

图 5-6　回火板条状马氏体　　　　　　　　图 5-7　针状马氏体

1）**板条状马氏体**一般为低碳钢或低碳合金钢的淬火组织，其组织形态是由尺寸大致相同的细马氏体条定向平行排列组成马氏体束或马氏体领域，如图 5-6 所示。在马氏体束之间位向差较大，一个奥氏体晶粒内可形成几个不同的马氏体领域。板条马氏体具有较低的硬度和较好的韧性。

2）**针状马氏体**是含碳量较高的钢淬火后得到的组织。在光学显微镜下，它呈竹叶状或针状，针和针之间有一定的角度，如图 5-7 所示。最先形成的马氏体较粗大，往往横穿整个奥氏体晶粒，将奥氏体加以分割，使以后形成的马氏体片的大小受到限制。因此，针状马氏体的大小不一。同时有些马氏体有一条中脊线，并在马氏体周围有残留奥氏体。针状马氏体的硬度高而韧性差。

（5）**残余奥氏体（$A_{残}$）**是含碳量大于 0.5% 的奥氏体淬火时被保留到室温不转变的那部分奥氏体。它不易受硝酸酒精溶液的浸蚀，在显微镜下呈白亮色，分布在马氏体之间，无固定形态。如图 5-8 为含碳 1.3% 的碳钢加热到 1000℃ 淬火后有 15%~30% 的残余奥氏体。如图 5-9 为含碳 1.2% 的碳钢正常淬火（780℃ 加热），组织为马氏体+粒状渗碳体+少量残余奥氏体。

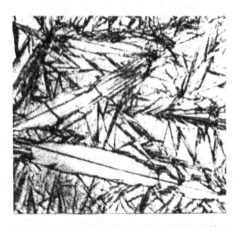

图 5-8　粗大的针状马氏体+残余奥氏体　　　图 5-9　马氏体+粒状渗碳体+少量残余奥氏体

1）**回火马氏体**是低温回火（150~250℃）组织，它仍保留了原马氏体形态特征。针状马氏体回火析出了极细的碳化物，容易受到浸蚀，在显微镜下呈黑色针状。低温回火后马氏体针变黑，而残余奥氏体不变仍呈白亮色，如图5-10所示。低温回火后可以部分消除淬火钢的内应力，增加韧性，同时仍能保持钢的高硬度。

2）**回火屈氏体**是中温回火（350~500℃）组织，它是铁素体与粒状渗碳体组成的极细混合物。铁素体基体基本上保持了原马氏体的形态（条状或针状），第二相渗碳体则析出在其中，呈极细颗粒状，用光学显微镜极难分辨，如图5-11所示。中温回火后回火屈氏体有很好的弹性和一定的韧性。

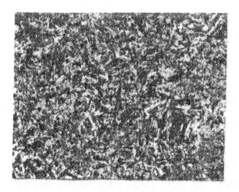

图5-10 回火马氏体（黑色）+残余奥氏体（白色）

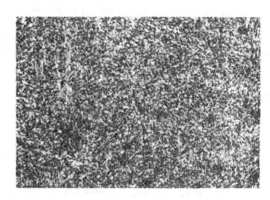

图5-11 回火屈氏体

3）**回火索氏体**是高温回火（500~650℃）组织，它是铁素体与较粗的粒状渗碳体所组成的机械混合物。碳钢回火索氏体中的铁素体已经通过再结晶，呈等轴细晶粒状。经充分回火的索氏体已没有针的形态。在大于500倍的光学显微镜下，可以看到渗碳体微粒，如图5-12所示。回火索氏体具有良好的综合力学性能。

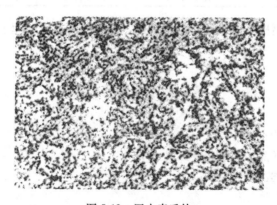

图5-12 回火索氏体

应当指出，回火屈氏体、回火索氏体是淬火马氏体回火时的产物，它们的渗碳体是颗粒状的，且均匀地分布在铁素体基体上；而淬火索氏体和淬火屈氏体是奥氏体过冷时直接形成的，其渗碳体呈片状。回火组织较淬火组织在相同硬度下具有较高的塑性与韧性。

5.3　实验设备及材料

（1）实验设备：金相显微镜；

（2）实验材料：金相图谱及放大的金相图片，经各种不同热处理的金相试样。

5.4　实 验 步 骤

（1）观察表 5-2 所列试样的显微组织。

表 5-2　实验要求观察的样品

序号	材料	含碳量/%	热处理工艺	浸蚀剂	显微组织特征
1	45 钢	0.45	860℃炉冷（退火）	3%硝酸酒精溶液	P+F（白色块状）
2	45 钢	0.45	860℃空冷（正火）	3%硝酸酒精溶液	S+F（白色块状）
3	45 钢	0.45	770℃淬水（淬火）	3%硝酸酒精溶液	$M_{细小}$+F（部分白色块状）
4	45 钢	0.45	860℃淬水（淬火）	3%硝酸酒精溶液	$M_{细小}$
5	45 钢	0.45	860℃淬油（淬火）	3%硝酸酒精溶液	$M_{细小}$+T（沿晶界分布的黑色网）
6	45 钢	0.45	1000℃淬水（淬火）	3%硝酸酒精溶液	$M_{粗针}$+残余奥氏体（亮白色块状）
7	45 钢	0.45	860℃淬水+200℃回火	3%硝酸酒精溶液	回火 M
8	45 钢	0.45	860℃淬水+400℃回火	3%硝酸酒精溶液	回火 T
9	45 钢	0.45	860℃淬水+600℃回火	3%硝酸酒精溶液	回火 S
10	T12 钢	1.2	760℃球化退火	3%硝酸酒精溶液	$P_{球状}$（F+细粒状 Fe_3C）
11	T12 钢	1.2	760℃淬水（淬火）	3%硝酸酒精溶液	$M_{细针}$+Fe_3C（白色粒状）
12	T12 钢	1.2	1000℃淬水（淬火）	3%硝酸酒精溶液	$M_{粗针}$+残余奥氏体（亮白色块状）

（2）描绘出所观察样品的显微组织示意图，并注明材料、处理工艺、放大倍数、组织名称及浸蚀剂等。

5.5　实验报告要求

（1）写出实验目的；

（2）画出所观察样品的显微组织示意图；

（3）说明所观察样品的组织。

实验 6　碳钢的热处理、硬度测定以及金相分析

6.1　实　验　目　的

（1）熟悉碳钢的基本热处理（退火、正火、淬火及回火）工艺方法；

（2）了解含碳量、加热温度、冷却速度等因素与碳钢热处理后性能的关系；

（3）分析淬火及回火温度对钢性能的影响；

（4）学会洛氏硬度计的使用；

（5）学会采用不同的热处理工艺，得到不同的组织结构，从而使钢的性能发生变化。

6.2　实　验　原　理

热处理是一种很重要的金属加工工艺方法，热处理的主要目的是改善钢材性能，提高工件使用寿命。钢的热处理工艺是将钢加热到一定的温度，经一定时间的保温，然后以某种速度冷却下来，通过这样的工艺过程能使钢的性能发生改变。

热处理之所以能使钢的性能发生显著变化，主要是由于钢的内部组织发生了质的变化。采用不同的热处理工艺过程，将会使钢得到不同的组织结构，从而获得所需要的性能。

普通热处理的基本操作有退火、正火、淬火及回火等。

热处理操作中，加热温度、保温时间和冷却方式是最重要的三个关键参数，也称为热处理三要素。正确选择这三种工艺参数，是热处理成功的基本保证。Fe-FeC 相图和 C 曲线是制定碳钢热处理工艺的重要依据。

6.2.1　加热温度

（1）退火加热温度：完全退火加热温度，适用于亚共析钢，A_{c3} + （30~50）℃；球化退火加热温度，适用于共析钢和过共析钢，A_{c1} + （30~50）℃。

（2）正火加热温度：对亚共析钢是 A_{c3} + （30~50）℃；过共析钢是 A_{cm} + （30~50）℃，也就是加热到单相奥氏体区。

退火和正火的加热温度范围如图 6-1 所示。

（3）淬火加热温度：对亚共析钢是 A_{c3} + （30 ~ 50）℃；对共析钢和过共析钢是 A_{c1} +（30~50）℃，如图 6-2 所示。

钢的临界温度 A_{c1}、A_{c3} 及 A_{cm}，在《热处理手册》或《合金钢手册》中均可查到，再经计算可求出钢的热处理温度。也可以利用铁碳相图决定 A_1、A_3 及 A_{cm} 点的温度再加上 10 ~ 20℃，即为近似 A_{c1}、A_{c3} 及 A_{cm}，然后再计算热处理温度。表 6-1 是各种碳钢的临界温度。

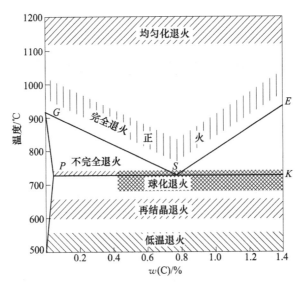

图 6-1 退火与正火的加热温度

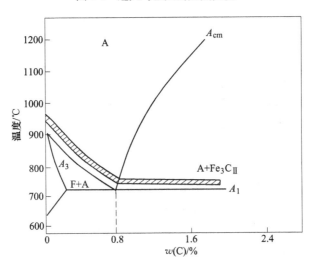

图 6-2 淬火加热温度范围

表 6-1 各种碳钢的临界温度

类别	钢号	临界温度/℃				淬火温度/℃
		A_{c1}	A_{c3} 或 A_{cm}	A_{R1}	A_{R3}	
碳素结构钢	20	735	855	680	835	860~880
	30	732	813	677	835	850~870
	40	724	790	680	760	840~860
	45	724	682	682	751	840~860
	50	725	690	690	750	770~800
	60	725	695	695	743	860~880

续表 6-1

类别	钢号	临界温度/℃				淬火温度/℃
		A_{c1}	A_{c3} 或 A_{cm}	A_{R1}	A_{R3}	
碳素工具钢	T7	730	770	700	—	780~800
	T8	730	—	700	—	780~800
	T10	730	800	700	—	760~800
	T12	730	820	700	—	760~800
	T13	730	830	700	—	760~800

（4）回火温度：钢淬火后必须要回火，回火温度决定于最终所要求的组织和性能。按加热温度，回火可分为低温、中温及高温回火三类。低温回火在 150~250℃ 进行回火，所得组织为回火马氏体，硬度约为 HRC 60，常用于切削刀具和量具；中温回火是在 350~500℃ 进行回火，硬度为 HRC 35~45，主要用于各类弹簧热处理；高温回火是在 500~650℃ 进行，所得组织为回火索氏体，硬度为 HRC 25~35，用于结构零件的热处理；高于 650℃ 的回火为珠光体，硬度较低。

例如，45 钢的回火温度经验公式如下：

$$T = 200 + K(60 - X)$$

式中　K——系数，当回火后要求的硬度值大于 HRC 30 时，$K=11$；当硬度值小于 HRC 30 时，$K=12$；

　　　X——所要求的硬度值 HRC。

6.2.2 加热时间

热处理加热时间与许多因素有关，例如工件的尺寸、形状、使用的加热设备、装炉量、钢的种类，热处理类型、钢材的原始组织、热处理的要求和目的等。上述因素都要综合考虑，具体参考数据可查有关手册。

6.2.3 冷却方法

热处理的冷却方法至关重要，控制不同的冷却速度（采用不同的冷却方式）可得到不同的组织，从而使钢具有不同的性能。

（1）退火一般采用随炉冷却，冷却到 500℃ 左右，可以出炉空冷，不必在炉中冷到室温。

（2）正火多采用在空气中冷却，大工件常进行吹风冷却。

（3）淬火采用急冷方式，冷却速度应超过钢的临界冷却速度，以保证得到马氏体组织；另一方面冷却速度应当尽量缓慢，以减少内应力，避免变形和开裂。为了调和上述矛盾，可以采用适当的冷却剂和冷却方式，常用的淬火方法有双液淬火、分级淬火、单液淬火、等温淬火等，常用的淬火介质有清洁的自来水、浓度为 5%~10% 的 NaCl 水溶液、矿物油等。

6.3　实验设备及材料

（1）实验设备：箱式电炉及控温仪表、水银温度计、洛氏硬度计、抛光机、金相显微镜；

（2）实验材料：冷却剂为水、油，试样为20钢、45钢、T12钢。

6.4　实　验　步　骤

6.4.1　淬火部分

（1）根据淬火条件不同，分五个小组进行，见表6-2。

（2）加热前先将全部试样测定硬度，一律用洛氏硬度计测定。

（3）根据试样钢号，按照Fe-Fe$_3$C相图确定淬火加热温度和保温时间（可按1min/mm的试样直径计算）。

（4）各组将淬火及正火后的试样表面用砂纸磨平，测出硬度值HRC填入表6-2中。

表6-2　淬火实验

组别	淬火加热温度/℃	冷却方式	20钢		45钢		T12钢	
			处理前硬度	处理后硬度	处理前硬度	处理后硬度	处理前硬度	处理后硬度
1	1000	水冷						
2	750	水冷						
3	860	空冷						
4	860	油冷						
5	860	水冷						

注：1~4组各种钢号1块，5组除20、T12钢各1块外，45钢取5块，以供回火用。

6.4.2　回火部分

（1）根据回火温度不同，分5个小组进行，见表6-3。各小组将已经正常淬火并测定过硬度的45钢试样分别放入指定温度的炉内加热，保温30min，然后取出空冷。

（2）用砂纸磨光表面，分别在洛氏硬度计上测定硬度值。

（3）将测定的硬度值分别填入表6-3中。

表6-3　回火实验

组　别	1	3	5
回火温度/℃	200	400	600
回火前硬度 HRC			
回火后硬度 HRC			

6.4.3　洛氏硬度计测量方法

（1）选择合适的压头及载荷。

（2）根据试样大小和形状选择载物台。

（3）试样上下两面磨平，然后置于载物台上。

（4）加预载荷，按顺时针方向转动升降机构的手轮，将试样与压头接触，并观察读数百分表上小针移动至小红点上为止。

（5）调整读数表盘，使百分表盘上的长针对准硬度值的起点，如测 HRC、HRA 硬度时，把长针与表盘上的黑字 G 处对准；测量 HRB 时，使长针与表盘上红字 B 对准。

（6）加主载荷，平稳地扳动加载手柄，手柄自动长高至停止位置（时间为 5~7s），并停留 10s。

（7）卸除主载荷，扳回加载手柄至原来位置。

（8）读数，表盘上长针指示的数字为硬度的读数，HRC、HRA 读黑数字，HRB 读红数字。

（9）下降载物台，取出试样。

（10）用同样方法在试样的不同位置测三个数据，取其算术平均值为试样的硬度值。

（11）观察并画出各种碳钢不同热处理条件下的显微组织特征。

6.4.5 注意事项

（1）本实验加热使用的都是电炉，由于炉内电阻丝距离炉腔较近，容易漏电，所以电炉一定要接地，在放、取试样时必须先切断电源。

（2）往炉中放、取试样必须使用夹钳，夹钳必须擦干，不得沾有油和水。开关炉门要迅速，炉门打开时间不宜过长。

（3）试样由炉中取出淬火时，动作要迅速，以免温度下降，影响淬火质量。

（4）试样在淬火液中应不断搅动，否则试样表面会由于冷却不均而出现软点。

（5）淬火时水温应保持 20~30℃，水温过高要及时换水。

（6）淬火或回火后的试样均要用砂纸打磨表面，去掉氧化皮后再测定硬度值。

（7）试件的准备：试样表面应磨平，且无氧化皮和油污等；试样形状应能保证试验面与压头轴线相垂直，测试过程应无滑动。

（8）压痕间距或压痕与试样边缘 HRA 大于 2.5mm，HRC 大于 2.5mm，HRB 大于 4mm。

不同的洛氏硬度有不同的适用范围，应按测试标准选择压头及载荷。这是因为超出规定的测量范围时，硬度计的精确度及灵敏度均较差，以致结果的准确性较差。例如 HRB102、HRC18 等的写法是不准确的，不宜使用。

6.5 实验报告要求

（1）实验报告要求内容包括实验目的，实验内容和要求，实验主要仪器设备和材料，实验方法、步骤及结果测试；

（2）画出各种碳钢不同热处理条件的组织特征；

（3）分析实验中存在的问题。

实验 7　碳钢及合金钢热处理后组织观察

7.1　实　验　目　的

（1）观察和研究碳钢经不同形式热处理后显微组织的特点；

（2）了解热处理工艺对碳钢、合金钢组织和性能的影响。

7.2　实　验　原　理

铁碳合金经缓冷后的显微组织基本上与铁碳相图所预料的各种平衡组织相符合，但碳钢在不平衡状态，即在快冷条件下的显微组织就不能用铁碳合金相图来加以分析，而应由过冷奥氏体等温转变曲线图——C 曲线来确定。图 7-1 为共析碳钢的 C 曲线图。

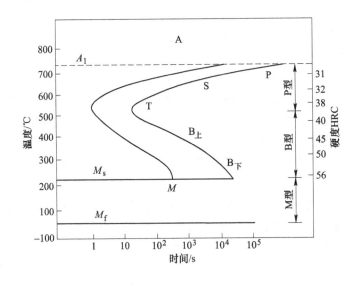

图 7-1　共析碳钢的 C 曲线图

按照不同的冷却条件，过冷奥氏体将在不同的温度范围发生不同类型的转变。通过金相显微镜观察，可以看出过冷奥氏体各种转变产物的组织形态各不相同。共析碳钢过冷奥氏体在不同温度转变的组织特征及性能见表 7-1。

表 7-1 共析碳钢过冷奥氏体在不同温度转变的组织特征及性能

转变类型	组织名称	形成温度范围/℃	金相显微组织特征	硬度 HRC
珠光体型相变	珠光体（P）	>650	在 400~500 倍金相显微镜下可观察到铁素体和渗碳体的片层状组织	约 20（HB180~200）
	索氏体（S）	600~650	在 800~1000 倍的金相显微镜下才能分清片层，在低倍下模糊不清	25~35
	屈氏体（T）	550~600	用光学显微镜观察时呈黑色团状组织，只有在电子显微镜（5000~15000×）下才能看出片层组织	25~40
贝氏体型相变	上贝氏体（B上）	350~600	在金相显微镜下呈暗灰色的羽毛状特征	40~48
	下贝氏体（B下）	230~350	在金相显微镜下呈黑色针叶状特征	48~58
马氏体型相变	马氏体（M）	<230	在正常淬火温度下呈细针状马氏体（隐晶马氏体），过热淬火时则呈粗大片状马氏体	62~65

7.2.1 钢的退火和正火组织

属于亚共析成分的碳钢（如 40、45 钢等）一般采用完全退火，经完全退火后可得到接近于平衡状态的组织，其组织特征已在实验 2 中加以分析和观察。过共析成分的碳素工具钢（如 T10、T12 钢等）都采用球化退火，T12 钢经球化退火后组织中的二次渗碳体及珠光体中的渗碳体都变成颗粒状，如图 7-2 所示，图中均匀而分散的细小粒状组织就是粒状渗碳体。45 钢经正火后的组织通常要比退火的细，珠光体的相对含量也比退火组织中的多（见图 7-3），原因在于正火的冷却速度稍大于退火的冷却速度。

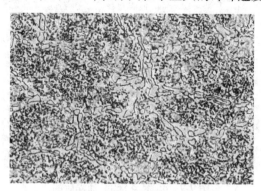

图 7-2 钢经球化退火后的显微组织（400×）
（浸蚀剂：4%硝酸酒精溶液）

图 7-3 45 钢经正火后的显微组织（400×）
（浸蚀剂：4%硝酸酒精溶液）

7.2.2 碳钢的淬火组织

将 45 钢加热到 760℃（即 A_{c1} 以上，但低于 A_{c3}），然后在水中冷却，这种淬火称为不完全淬火。根据 Fe-Fe$_3$C 相图可知，在这个温度加热，部分铁素体尚未溶入奥氏体中，经淬火后将得到马氏体和铁素体组织。在金相显微镜中观察到的是呈暗色针状马氏体基体上分布有白色块状铁素体，如图7-4所示。

　　45钢经正常淬火后将获得细针状马氏体，如图7-5所示。由于马氏体针非常细小，因此在显微镜中不易分清。若将淬火温度提到1000℃（过热淬火），由于奥氏体晶粒的粗化，经淬火后得到粗大针状马氏体组织，如图7-6所示。若将45钢加热到正常淬火温度，然后在油中冷却，由于冷却速度不足（$v_冷 < v_K$），得到的组织是马氏体和部分屈氏体（或混有少量贝氏体）。图7-7为45钢经加热到860℃后油冷的显微组织，亮白色为马氏体，呈黑色块状分布于晶界处的为屈氏体。

图7-4　45钢在760℃不完全淬火后的
显微组织（500×）

（浸蚀剂：4%硝酸酒精溶液）

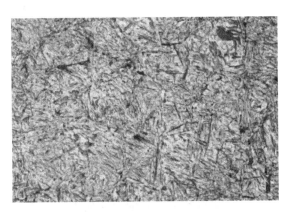

图7-5　45钢经860℃正常淬火后的
显微组织（500×）

（浸蚀剂：4%硝酸酒精溶液）

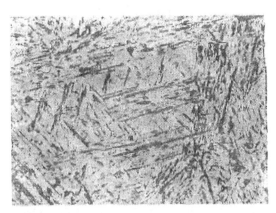

图7-6　45钢经1000℃过热淬火后的
显微组织（500×）

（浸蚀剂：4%硝酸酒精溶液）

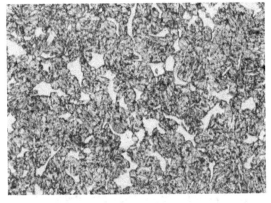

图7-7　45钢经860℃油淬后的
显微组织（500×）

（浸蚀剂：4%硝酸酒精溶液）

　　T12钢在正常温度淬火后的显微组织如图7-8所示，除了细小的马氏体处尚有部分未落入奥氏体中的渗碳体（呈亮白色颗粒）。当T12钢在较高温度淬火时，显微组织出现粗大的马氏体，并且还有一定数量（15%~30%）的残余奥氏体（呈亮白色）存在于马氏体针之间，如图7-9所示。

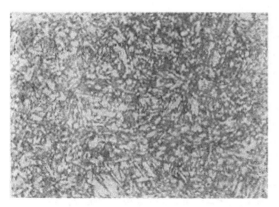
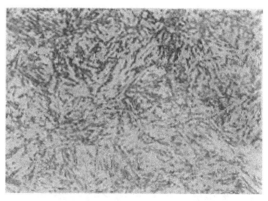

图 7-8　T12 钢在正常温度淬火后的显微组织　　　　图 7-9　T12 钢在较高温度淬火后的显微组织

7.2.3　淬火后的回火组织

钢经淬火后所得到的马氏体和残余奥氏体均为不稳定组织，它们具有向稳定的铁素体和渗碳体的两相混合物组织转变的倾向。通过回火将钢加热，提高原子活动能力，可促进这个转变过程的进行。淬火钢经不同温度回火后所得到的组织不同，通常按组织特征分为回火马氏体、回火屈氏体和回火索氏体三种。

（1）回火马氏体：淬火钢经低温回火（150～250℃），马氏体内的过饱和碳原子脱溶沉淀，析出与母相保持着共格联系的 ε 碳化物，这种组织称为回火马氏体。回火马氏体仍保持针片状特征，但容易受浸蚀，故颜色要比淬火马氏体深些，是暗黑色的针状组织，如图 7-10 所示。

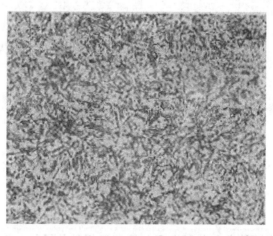

图 7-10　45 钢经淬火及 200℃回火后的回火马氏体

（2）回火屈氏体：淬火钢经中温回火（350～500℃），得到在铁素体基体中弥散分布着微小粒状渗碳体的组织，称为回火屈氏体。回火屈氏体中的铁素体仍然基本保持原来针状马氏体的形态，渗碳体则呈细小的颗粒状，在金相显微镜下不易分辨清楚，故呈暗黑色，如图 7-11（a）所示。用电子显微镜可以看到这些渗碳体质点，并可以看出回火屈氏体仍保持针状马氏体的位向，如图 7-11（b）所示。

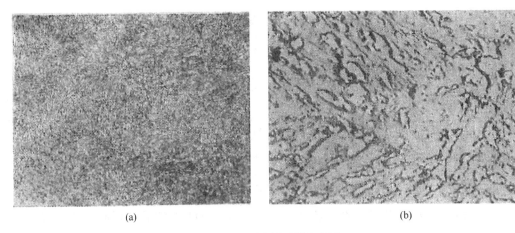

(a)　　　　　　　　　　　　　　　　(b)

图 7-11　回火屈氏体组织图

（a）金相组织（回火屈氏体，500×）；（b）电镜图像（7000×）

（3）回火索氏体：淬火钢经中温回火（350～500℃），得到的组织称为回火索氏体，其特征是已经聚集长大了的渗碳体颗粒均匀分布在铁素体基体上，如图 7-12（a）所示。用电子显微镜可以看出回火索氏体中的铁素体已不呈针状形态而呈等轴状，如图 7-12（b）所示。

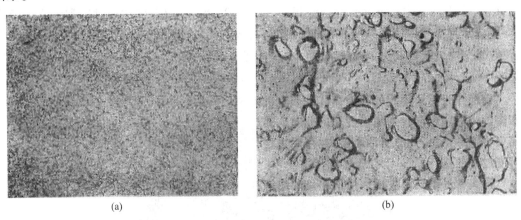

(a)　　　　　　　　　　　　　　　　(b)

图 7-12　回火索氏体组织图

（a）金相组织（回火索氏体，500×）；（b）电镜图像（7000×）

7.2.4　合金钢的组织

（1）高速钢。高速钢是高合金工具钢，具有良好的热硬性。W18Cr4V 是一种典型的高速钢，由于钢中存在大量的合金元素（大于 20%），因此除了形成合金铁素体与合金渗碳体外，还会形成各种碳化物，这些组织特点决定了高速钢具有优良的切削性能。

高速钢的铸态组织：按组织特点分类，高速钢属于莱氏体钢，在一般铸造条件下存在以具有骨状碳化物为特征的共晶莱氏体，另外尚有部分 δ 共析体和少量马氏体。

高速钢的退火组织：高速钢铸造后必须经过锻造、退火，以改善碳化物的分布状况。

W18Cr4V 钢经锻造退火后，其组织为索氏体基体上分布着亮白色的大块的一次碳化物和大块的二次碳化物。

高速钢淬火及回火后的组织：W18Cr4V 钢通常采用较高的淬火温度（1270~1280℃），以保证奥氏体充分合金化，淬火时可在油中或空气中冷却。W18Cr4V 钢经 1270~1280℃ 淬火后的显微组织是马氏体及残余奥氏体基体上分布着一次碳化物的颗粒，在金相显微镜下马氏体不易显示。

高速钢经淬火后组织中存在着相当数量的残余奥氏体，该残余奥氏体需经 560℃ 回火（一般 2~3 次）加以消除。回火时从马氏体和部分奥氏体中析出高度分散的碳化物，降低了残余奥氏体中碳和合金元素的含量，使其稳定性降低，在冷却过程中这些奥氏体就会转变成马氏体。W18Cr4V 钢经淬火及三次回火后，其组织为回火马氏体和少量残余奥氏体上分布着亮白色块状合金碳化物（W_2C、V_4C_3）。

（2）不锈钢。1Cr18Ni 是一种常见的不锈钢，在大气、海水及化学介质中具有良好的抗腐蚀能力。铬在钢中的主要作用是产生钝化作用，提高电极电位而使钢的抗蚀性加强。镍的加入在于扩大 γ 相区及降低 M_s 点，以保证常温下具有奥氏体组织。1Cr18Ni 钢的热处理方法是采用固溶处理，水淬后的显微组织是单一的奥氏体晶粒并有明显的孪晶。

7.3 实验设备及材料

（1）实验设备：金相显微镜；

（2）实验材料：金相图谱及放大金相图片，各种经不同热处理的金相样品。

7.4 实 验 步 骤

（1）每组领取一套样品，在指定的金相显微镜下进行观察。观察时根据 Fe-Fe₃C 相图和奥氏体等温转变图来分析确定各种组织的形成原因。

（2）画出所观察到的几种典型的显微组织形态特征，并注明组织名称、热处理条件及放大倍数等。

（3）本实验所研究的材料对应的热处理工艺、显微组织、浸蚀剂及放大倍数列于表7-2 中。

表7-2 合金钢的组织分析

编号	名　称	热处理状态	金相显微组织特征	浸蚀剂	放大倍数
1	高速钢（W18Cr4V）	铸态	莱氏体（鱼骨状）+屈氏体（暗黑色）+马氏体	4%硝酸酒精溶液	400×
2	高速钢（W18Cr4V）	锻造+退火	碳化物（颗粒）+索氏体（暗黑色）	4%硝酸酒精溶液	400×
3	高速钢（W18Cr4V）	淬火	马氏体+残余奥氏体+碳化物（颗粒状）	4%硝酸酒精溶液	400×
4	高速钢（W18Cr4V）	淬火+三次回火	回火马氏体（暗黑色基体）+碳化物（白色粒状）	4%硝酸酒精溶液	400×
5	不锈钢（1Cr18Ni9Ti）	水淬	奥氏体（具有孪晶）	王水溶液	400×

7.5　实验报告要求

（1）明确本次实验目的。

（2）画出几种典型的显微组织图。

（3）分析每组样品之间的异同处，并说明原因。

（4）观察表 7-1 中所列合金钢的组织，分析样品制备过程中不同热处理工艺对组织、性能的影响。

实验 8 铸铁、有色合金的显微组织观察

8.1 实 验 目 的

（1）观察和研究各种不同类型合金材料的显微组织特征；

（2）了解合金材料的成分、组织和性能之间的关系。

8.2 实 验 原 理

铸铁的组织（除白口铸铁外）可以认为是在基体上分布着不同形态尺寸和数量的石墨，石墨的形状及数量变化对性能起着重要的作用，所以正确认识和鉴别各类铸铁的合金相组织对评定铸铁的质量和性能有着重要意义。

有色金属及合金具有某些独特的优异性能，例如铝合金密度小而强度高；铜及铜合金导电性极好，耐蚀性强；铅与锡合金具有良好的减摩性等，而这些性能特点也无不与其内部组织密切相关。

本实验着重观察分析下列几种不同类型合金材料的组织特点。

8.2.1 铸铁

根据石墨的形状、大小和分布情况不同，铸铁分为灰口铸铁（石墨呈片条状）、可锻铸铁（石墨呈团絮状）和球墨铸铁（石墨呈圆球状）。

（1）灰口铸铁：组织特征是钢的基体上分布着片状石墨。根据石墨化程度及基体组织不同灰口铸铁可分为：铁素体灰口铸铁（基体是铁素体），铁素体+珠光体灰口铸铁（基体是铁素体+珠光体）和珠光体灰口铸铁（基体是珠光体）。

（2）可锻铸铁：由白口铸铁经石墨化退火处理而得。按照基体组织不同，可锻铸铁分为铁素体可锻铸铁和珠光体可锻铸铁两类。

（3）球墨铸铁：在球墨铸铁组织中石墨呈圆球状。球状石墨的存在可使铸铁内部的应力集中现象得到改善，同时减轻了对基体的割裂作用，从而充分地发挥了基体性能的潜力，使球墨铸铁获得很高的强度和一定的韧性。球墨铸铁根据基体组织可分为铁素体基体球墨铸铁和铁素体+珠光体基体球墨铸铁。

8.2.2 有色合金

（1）铝合金：在铸造合金中应用最广泛的是铝硅系合金（含 10%~13% Si），常称为"硅铝明"，其铸态组织有由固溶体和粗针状硅晶体组成的共晶体及少量多面体状的初生硅晶体，这种粗大针状硅晶体会使合金的塑性降低。为了改善合金的性能，通常采用"变质

处理"。经变质处理后，铝合金不仅组织细化，还可得到由枝晶状的固溶体和细密共晶体组成的亚共晶组织。

（2）铜合金：工业上广泛使用的铜合金有铜锌合金（黄铜）、铜锡合金（锡青铜）、铜铝合金（铝青铜）、铜铍合金（铍青铜）、铜镍合金（白铜）等。常用黄铜的含锌量均在 45% 以下，由 Cu-Zn 相图可知，含锌量小于 39% 的黄铜均呈 α 固溶体单相组织，称为单相黄铜；含锌量在 39%～45% 的黄铜呈 α+β 两相组织，称为（α+β）黄铜（或两相黄铜）。

8.3　实验设备及材料

（1）实验设备：金相显微镜；
（2）实验材料：金相放大照片，各类合金材料的金相显微试样（见表 8-1）。

表 8-1　各类合金材料的金相试样

材料	编号	名称	热处理状态	金相显微组织特征	浸蚀剂	放大倍数
铸铁	1	F 基体灰口铸铁	铸态	铁素体（亮白色）+条片状石墨（暗黑色）	4%硝酸酒精溶液	400×
	2	F+P 基体灰口铸铁	铸态	铁素体(亮白色)+珠光体(暗黑色)+条片状石墨(暗灰色)	4%硝酸酒精溶液	400×
	3	F 基体可锻铸铁	退火	铁素体（亮白色）+团絮状石墨（暗黑色）	4%硝酸酒精溶液	400×
	4	P 基体可锻铸铁	退火	珠光体（暗黑色）+团絮状石墨	4%硝酸酒精溶液	400×
	5	F 基体球墨铸铁	铸态	铁素体（亮白色）+圆球状石墨（暗黑色）	4%硝酸酒精溶液	400×
	6	F+P 基体球墨铸铁	铸态	珠光体（暗黑色）+铁素体（亮白色）+圆球状石墨（暗黑色）	4%硝酸酒精溶液	400×
有色金属	7	铝合金（未变质）	铸态	初晶硅（针状）+（α+Si）共晶体（亮白色基体）	0.5%HF 水溶液	400×
	8	铝合金（已变质）	铸态	α（枝晶状）+共晶体（细密基体）	0.5%HF 水溶液	400×
	9	α 黄铜	退火	α 固溶体（具有孪晶）	3%FeCl₃、10%HCl 溶液	400×
	10	α+β 黄铜	铸态	α（亮白色）+β（暗黑色）	3%FeCl₃、10%HCl 溶液	400×

8.4　实验步骤

（1）各小组分别领取各种不同类型的合金材料试样；
（2）在显微镜下进行观察，并分析其组织形态特征。

8.5　实验报告要求

（1）明确本次实验目的；

（2）根据观察，画出四种合金材料的组织示意图（要求注明材料名称、热处理状态、浸蚀剂、放大倍数、组织或相名称）；

（3）分析各种合金的组织形态和性能。

实验 9　合金钢、铸铁、有色合金的显微组织观察

9.1　实 验 目 的

（1）观察和研究生产实践中常用金属材料的显微组织特征；

（2）了解这些合金材料的成分、显微组织，并讨论其对材料性能的影响。

9.2　实 验 原 理

生产实践中，常见的金属材料主要有合金钢、铸铁和有色金属。其中，合金钢是在钢中加入合金元素，改变合金的相变温度，从而改变钢的组织与结构，使其性能较普通的碳钢更为优越。

铸铁中除白口铸铁外，还有灰口铸铁、可锻铸铁、球墨铸铁等，这些铸铁中的碳元素均析出为石墨单质的形式存在，组织均可以认为是钢的基体上分布着不同形态、尺寸和数量的石墨，其中石墨的形状及数量变化对性能起着重要作用，所以正确认识和鉴别各类铸铁的金相组织对评定铸铁的质量和性能有着重要意义。

金属材料中还有许多是有色金属和合金，它们具有某些独特的优异性能。例如，变质处理前后组织性能变化明显的铝硅合金，应用广泛的 AZ 系镁合金，导电性极好、耐蚀性强的铜及铜合金，具有良好的减摩性的铅与锡合金等，这些合金的性能特点也无不与其内部组织密切相关。

下面着重研究和分析各种不同类型合金材料的组织特点。

9.2.1　合金钢

在碳钢基础上为了改善某些性能而特意加入一种或几种其他合金元素所组成的钢称为合金钢，如加入铬、钨、钼、钒、硼、硅、钛等。合金钢的显微组织比碳钢复杂，在合金钢中存在的基本相有：合金铁素体、奥氏体、碳化物（包括渗碳体、特殊碳化物）及金属间化合物等。其中，合金铁素体、合金渗碳体及大部分合金碳化物的组织特征与碳钢的铁素体和渗碳体无明显区别，而金属间化合物的组织形态则随种类不同而各异，合金奥氏体在晶粒内常常存在滑移线和孪晶特征。合金钢不仅具有良好的力学性能，还可以承受各种形式的压力加工（如锻造、轧制、冲压等）来制造零件与工具，所以用途极为广泛。目前，合金钢主要用在受力大、形状复杂和截面较大的重要零件与工具中。

（1）高速钢属于高合金工具钢，高速工具钢以能进行高速切削而得名。在高速切削时，车刀温度能达到 500～600℃，而碳素工具钢、合金工具钢刀具在 250～300℃ 时硬度将

显著降低，失去切削能力。高速钢的技术要求：有较高的硬度、耐磨性和红硬性；在高速切削时，刃部受热至 600℃ 左右，硬度仍未明显减低；制成的刀具在 600℃ 加热 4h 后冷却至室温，硬度仍能大于 62HRC。随着切削加工的切削速度和走刀量不断提高，以及高硬度、高强度新材料的应用越来越多，对刀具的要求不断提高，导致出现了超硬高速钢（68~70HRC）。

高速钢的主要成分特点含有 C、W、Cr、V、Mo、Co、Al 等合金元素，以提高热处理时的高淬透性和红硬性，W 系高速钢含 W 的质量分数在 12%~18% 之间。W 是提高高速钢红硬性的主要元素，能强烈地形成碳化物，有强烈的细化晶粒的作用。该种钢淬火温度范围较广，不易过热，回火过程中析出的钨碳化物弥散分布于马氏体基体上，与钒的碳化物一起造成钢的二次硬化效应。W 系高速钢是使用最早和使用较广的钢种。但是该种钢的碳化物不均匀度较为严重，热塑性较差，不易热塑成型，同时钨含量较高，不经济，取而代之的是 W-Mo 系高速钢。这里以典型的 W18Cr4V（简称 18-4-1）钢为例加以分析研究。

W18Cr4V 的化学成分为：0.7%~0.8%C，17.5%~19%W，3.8~4.4%Cr，1.0~1.4%V，≤0.3%Mo。由于钢中存在大量的合金元素（大于 20%），因此除了形成合金铁素体与合金渗碳体外，还会形成各种合金碳化物（如 Fe_4W_2C、VC 等），这些组织特点决定了高速钢具有优良的切削性能。高速钢的热处理状态有铸态组织、退火组织、淬火及回火后的组织，金相显微组织特征见表 9-1。

（2）不锈钢是指在大气、水、酸、碱和盐等溶液或其他腐蚀介质中具有化学稳定性的钢的总称，而把其中的耐酸、碱和盐等侵蚀性强的介质腐蚀的钢称为耐酸钢。广义的不锈钢包括耐热不锈钢，即具有较好的抗高温氧化性能的钢。

不锈钢的分类：按照金相组织的不同，可分为铁素体不锈钢、马氏体不锈钢、奥氏体不锈钢、奥氏体-铁素体双相不锈钢和沉淀硬化不锈钢；按照合金元素的不同分为铬系不锈钢、铬镍系不锈钢、铬镍钼系不锈钢、铬锰镍系不锈钢等。近年来，又开发出高纯铁素体不锈钢、超低碳奥氏体不锈钢等新品种。

不锈钢中常见的元素有 C、Cr、Ni、Mn、Si、N、Nb、Ti、Mo 等。C 是不锈钢中的主要元素之一，特别是马氏体不锈钢中的重要强化元素。C 强烈地促进奥氏体的形成。但 C 在钢中极易和其他合金元素（如 Cr）生成合金碳化物 $(C, Fe)_{23}C_6$，并在晶界析出造成晶界贫铬，导致不锈钢的晶界腐蚀敏感性。为此，奥氏体不锈钢中需严格控制其碳含量，同时加入 Ti、Nb、Ta 等元素优先与 C 生成 TiC、NbC、TaC 等碳化物，以提高不锈钢的耐晶界腐蚀性能。Cr 是不锈钢中最重要的合金元素，它能溶入铁素体，扩大铁素体区，缩小、封闭奥氏体区，并提高钢中铁素体的电极电位，一般钢中的 Cr 含量在 11.7% 以上才能提高钢的抗腐蚀能力。我国将不锈钢中含铬量定为不小于 12%。Cr 易与 C 生成 $(Fe, Cr)_7C_3$ 和 $(Cr, Fe)_{23}C_6$ 两种碳化物。Ni 是增大奥氏体稳定性及扩大 γ 区，缩小 α 和 α+γ 区的元素，也是形成奥氏体的元素。加入适量的 Ni 可得到单一组织的奥氏体不锈钢，减少 δ 铁素体的含量。Mn 的作用和 Ni 相似，能扩大 γ 区，提高奥氏体的稳定性，但价格便宜，常用来代替贵重元素 Ni。

9.2.2　铸铁

根据石墨的形态、大小和分布情况不同，铸铁分为：灰口铸铁（石墨呈片条状）、可锻铸铁（石墨呈团絮状）和球墨铸铁（石墨呈圆球状）。

（1）灰口铸铁的组织。灰口铸铁在工业中用量很大，根据需要可以制备各种形态的组织。就石墨而言，有细小石墨的灰口铸铁和粗大石墨的灰口铸铁。石墨的形状、大小、分布和数量对力学性能影响很大，所以对石墨有评级标准。

就组织中的基体而言，有铁素体灰口铸铁、铁素体+珠光体灰口铸铁和珠光体灰口铸铁。灰口铸铁中珠光体的粗细和铁素体的含量，根据性能要求都有相应的规定。

（2）可锻铸铁的组织。可锻铸铁也称为展性铸铁或马铁（国内有些生产厂叫玛钢），它是先制成一定成分的白口铸铁件，再经石墨化退火处理（进行第二阶段、第三阶段石墨化处理）得到团絮状石墨+铁素体或团絮状石墨+珠光体的展性铁，前者称为黑心展性铸铁，后者称为白心展性铸铁。与灰口铸铁相比，由于石墨呈团絮状，所以它的强度优于灰口铸铁，并有较高的塑性（$\delta \leqslant 12\%$）和韧性，但是并不可锻，国内目前以生产铁素体展性铸铁为主。

（3）球墨铸铁的组织。球墨铸铁与灰口铸铁相比，由于石墨呈球状，强度和韧性都提高了并且广泛得到应用，"以铸代锻"就是它的标志。球磨铸铁就基体不同也可分为铁素体、铁素体+珠光体和珠光体为基的球墨铸铁组织。

9.2.3　有色合金

（1）铝合金包括铝硅类、铝铜类和铝镁类合金。其中，铝硅类合金使用最多、最成熟。铝硅二元合金根据硅元素的质量分数不同可分为亚共晶合金（$w(Si)<12.6\%$）、共晶合金（$w(Si) = 12.6\%$）和过共晶合金（$w(Si)>12.6\%$）。特别是共晶成分的铝硅合金，具有良好的铸造性能，其流动性、致密性好，收缩小，耐蚀性好，不易开裂。但此类合金若不进行变质处理，硅呈片状分布，由于它粗而脆，致使合金的强度及伸长率都很低；而通过变质处理后，其中大片状的硅消失，成为 α-Al 固溶体和细致的铝硅共晶组织，硬度、伸长率均大大提高，因此在生产中广泛应用。

为改变共晶硅或初晶硅的形态，铝合金可以用含 Na、Sr、Sb 的盐类或中间合金及稀土（RE）进行变质处理。变质机理：一般观点认为，在铝硅合金凝固时加入以上元素，这些加入的元素或者吸附在共晶硅片的固有台阶上，或者富集在共晶液凝固结晶前沿，阻碍共晶硅沿贯有方向生长成大片状，使得硅依靠孪晶侧向分枝反复调整生长方向，达到与 $\alpha(Al)$ 固溶体协调生长，最终形成由枝晶状的 α 固溶体和细密共晶体组成的亚共晶组织，这样提高了铝合金的强度和塑性。

（2）镁铝系合金是应用最为广泛的一类合金，压铸镁合金主要是镁铝系合金。为改善合金的性能，如韧性、耐高温性、耐腐蚀性，以镁铝系为基础添加一系列合金元素形成了AZ(Mg-Al-Zn)、AM(Mg-Al-Mn)、AS(Mg-Al-Si)、AE(Mg-Al-RE) 系列合金。

铸造镁铝系合金中的铝是作为主要合金化元素加入的。当铝的质量分数小于 10% 时，随着铝的质量分数增加，镁铝合金的液相线及固相线温度均降低，从而可降低镁合金的熔炼和浇铸温度，有利于减少镁合金液的氧化和燃烧，但凝固温度范围加大易使铸件产生缩松缺陷。随着铝的质量分数增加，铝在镁中的固溶强化及时效强化作用使镁铝合金的抗拉强度提高，伸长率则随着铝的质量分数增加先是提高然后下降。而铝的质量分数提高，有利于提高镁铝合金的耐腐蚀性能。

　　重力浇铸成的 AZ91 镁合金，组织粗大，性能有时无法满足使用要求，需要变质处理以细化晶粒，提高性能。对于不含 Al、Mn 元素的镁合金，Zr 是一种非常有效的晶粒细化剂。而对于镁铝系合金，目前尚未开发出一种在生产中通用的晶粒细化剂，一般主要是在镁合金熔体中加入少量的碳粉或碳化物（$MgCO_3$、SiC、Al_4C_3、TiC）变质剂。其中，铝与碳可发生反应生成 Al_4C_3 颗粒，此颗粒是高熔点强化相，晶体结构为密排六方且晶格常数与 α-Mg 相近，其与 α-Mg 晶格常数错配度小于 9%。根据金属结晶原理，Al_4C_3 可作为非均质形核的衬底，通过异质形核促进镁铝合金的晶粒细化。但是碳化物细化剂的加入容易引入更多的气体与夹杂。最近也在镁铝系合金中加入难溶于 α-Mg 固溶体的 Si、Ca、Si、Ba 等金属和稀土（RE）元素，通过元素富集在合金结晶凝固前沿阻碍晶粒长大，或形成化合物钉扎晶界，以细化晶粒，达到变质效果。

　　（3）纯铜和铜合金是有色金属中重要的一类，常用的铜合金按照成分不同可分为铜锌合金（黄铜）、铜锡合金（锡青铜）、铜铝合金（铝青铜）以及铜铍合金（铍青铜）、铜镍合金（白铜）等。

　　常用的黄铜含锌量均在 45% 以下。由 Cu-Zn 合金相图可知，含锌量少于 39% 的黄铜均呈 α 黄铜（或单相黄铜）；含锌量 39%～45% 的黄铜呈 α+β 两相组织，称为（α+β）黄铜（或两相黄铜）。其中，α 相呈亮白色，β 相呈暗黑色。

　　（4）轴承合金又称为巴氏合金，通常用来制造滑动轴承的轴瓦及其内衬。轴瓦材料应同时兼有硬和软两种性质，因此轴承合金理想的组织应该是由软硬不同的相组成的混合物。最常见的锡基轴承合金为 ZChSn11-6，该合金的成分中除基本元素 Sn 外，还含有 11%Sb 及 6%Cu。

9.3　实验设备及材料

　　（1）实验设备：金相显微镜；
　　（2）实验材料：金相图谱及金相放大照片，各类合金材料的金相显微试样（见表 9-1）。

表 9-1　实验用试样

材料	编号	名称	热处理状态	金相显微组织特征	浸蚀剂	放大倍数
合金钢	1	高速钢（W18Cr4V）	淬火	马氏体+残余奥氏体+碳化物（颗粒状）	4%硝酸酒精溶液	400×
	2	高速钢（W18Cr4V）	淬火+三次回火	回火马氏体（暗黑色基体）+碳化物（白色粒状）	4%硝酸酒精溶液	400×
	3	不锈钢（1Cr18Ni9Ti）	水淬	奥氏体（具有孪晶）	王水溶液	400×
铸铁	4	P 基体灰口铸铁	铸态	铁素体（亮白色）+条片状石墨（暗黑色）	4%硝酸酒精溶液	400×
	5	F 基体可锻铸铁	退火	铁素体（亮白色）+团絮状石墨（暗黑色）	4%硝酸酒精溶液	400×
	6	F+P 基体球墨铸铁	铸态	珠光体（暗黑色）+铁素体（亮白色）+圆球状石墨（暗黑色）	4%硝酸酒精溶液	400×

续表 9-1

材料	编号	名称	热处理状态	金相显微组织特征	浸蚀剂	放大倍数
有色合金	7	铝合金（未变质）	铸态	初晶硅（针状）+（α+Si）共晶体（亮白色基体）	0.5% HF 水溶液	400×
	8	铝合金（已变质）	铸态	α（枝晶状）+共晶体（细密基体）	0.5% HF 水溶液	400×
	9	α 黄铜	退火	α 固溶体（具有孪晶）	3% $FeCl_3$、10% HCl 溶液	400×
	10	α+β 黄铜	铸态	α（亮白色）+ β（暗黑色）	3% $FeCl_3$、10% HCl 溶液	400×

9.4　实验步骤

（1）各小组分别领取各种不同类型的合金材料试样；

（2）在显微镜下进行观察，并分析其组织形态特征。

9.5　注意事项

（1）对各类成分的合金可采用对比方法进行分析研究，着重区别各自的组织形态特点；

（2）结合相图分析各类合金应该具备的显微组织。

9.6　实验报告要求

（1）实验报告要求内容包括实验目的、实验内容和要求、实验主要仪器设备和材料、实验方法、实验步骤及结果测试；

（2）观察并绘出示意图，并列出详细说明。

实验 10　钢的淬透性测定

10.1　实 验 目 的

（1）了解淬透性的概念；
（2）学会末端淬火法测定钢的淬透性；
（3）了解淬透性曲线的应用；
（4）比较 45 钢和 40Cr 钢的淬透性高低。

10.2　实 验 原 理

淬透性是钢的一种重要的热处理工艺性能，是钢的一种属性，指钢在淬火时形成马氏体的能力。一般以圆柱形试样的淬透层深度或沿截面硬度分布曲线表示。淬透性的评定标准通常认为：除马氏体外，允许含有一定量的非马氏体组织。一般采用表面至半马氏体组织（该层是由 50%马氏体和 50%非马氏体组织组成）的距离作为淬硬层深度，并用这个淬硬层深度作为评定淬透性标准（选定这个标准的理由：半马氏体区不但很容由显微镜识别出来，而且也容易由硬度的变化予以测定）。淬透层越深，表明钢的淬透性越高。

根据国家标准（GB/T 225—1988）规定，钢的淬透性用末端淬火法测定。测定时将标准试样（ϕ25mm×100mm）按规定的奥氏体化条件加热后，迅速取出放入末端淬火试验机的试样架孔中，立即由末端喷水冷却。因试样是一端喷水冷却，故水冷端的冷速最快，越往上冷得越慢，头部的冷速相当于空冷。因此沿试样长度方向上由于冷却条件的不同，获得的组织和性能也不同。冷却完毕后沿试样两侧长度方向每隔一定间距测量一个硬度值，即可得到沿长度方向上的硬度变化，所得曲线即为该钢的淬透性曲线，如图 10-1 所示。

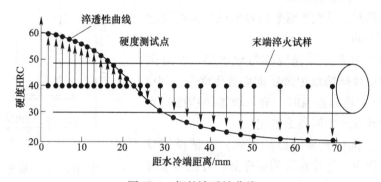

图 10-1　钢的淬透性曲线

对同一牌号的钢，由于化学成分和晶粒度的差异，淬透性曲线实际上为一定波动范围的淬透性带。

影响淬透性的因素有合金元素的种类及质量分数、碳的质量分数、奥氏体化温度、未溶的第二相，其中合金元素的影响最大。除钴以外，其他合金元素都提高淬透性。

淬透性曲线的实际应用：

（1）近端面1.5mm处的硬度可代表钢的淬硬性，该点的硬度在一般情况下表示99.9%马氏体的硬度；

（2）曲线上拐点处的硬度大致是50%马氏体的硬度，该点距水冷端距离的远近表示钢的淬透性大小；

（3）整个曲线上的硬度分布情况，特别是在拐点附近，硬度变化平稳标志着钢的淬透性大，变化剧烈标志着淬透性小；

（4）钢的淬透性不同，可作为机器零件的选材和制定热处理工艺的重要依据；

（5）确定钢的临界淬火直径；

（6）确定钢件截面上的硬度分布。

10.3 实验设备及材料

（1）实验设备：箱式电炉、末端淬火试验机、洛氏硬度计、砂轮机；

（2）实验材料：45钢和40Cr钢标准试样、游标卡尺。

10.4 实 验 步 骤

（1）淬火装置。淬火装置如图10-2所示，主要由支架和喷水管组成。试样吊挂在支架上，用向上喷射的水流使试样端面淬火。

喷水管至试样下端面的距离应按照标准设置，支架应保证试样的轴线与喷水口的中心线在同一直线上，而且在淬火期间保持位置不变。

未放置试样时，从喷水管射出水流的自由高度应稳定在（65±5）mm。

（2）试样的加热。试样应均匀地加热，在有关产品技术条件或特殊协议中规定的温度下保温（30±5）min。试样在加热和保温时，应采取预防措施防止试样脱碳、渗碳或产生明显的氧化。

（3）淬火。试样支架应保持干燥，在试样安放到支架上的过程中应防止水溅到试样上。可在喷水管口上方添加活动挡水板，以使水的射流快速喷出和切断，在淬火过程中应防止向试样吹风。

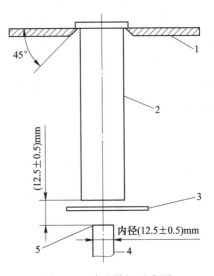

图 10-2 淬火装置示意图
1—试样支架；2—试样位置；
3—挡水板；4—喷水管；5—喷水口

从加热炉中取出试样到开始向试样端面喷水延迟的时间不得超过 5s。

喷水时间至少应为 10min，此后可将试样浸入水中完全冷却，水温应在 10~30℃ 之间。

（4）硬度测量。硬度测量方法如下：

1）首先在平行于试样轴线方向上磨制出两个相互平行的平面，磨削深度为 0.4~0.5mm。磨制硬度测试平面时，必须用充足的冷却液防止试样由于磨削生热而引起组织发生变化。

2）测量硬度时，试样和支架之间应良好的固定。然后在 1470N(150kgf) 试验力下测量洛氏硬度 HRC 值或在 294N(30kgf) 试验力下测量维氏硬度 HV 值。

3）硬度测量点的确定如图 10-3 所示。通常测量离开淬火端面 1.5mm、3mm、5mm、7mm、9mm、11mm、13mm、15mm 八个点和以后间距为 5mm 各点的硬度值，直至 30~50mm 处。

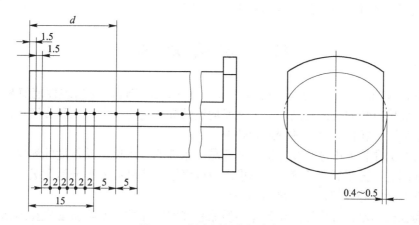

图 10-3　硬度测量点的确定

（5）试验结果的表示。距淬火端面任一规定距离的硬度值为两个测试平面上硬度测量结果的平均值，以横坐标表示距淬火端面的距离，以纵坐标表示相应距离处的硬度值，绘制硬度变化曲线，得到钢的淬透性曲线。

（6）根据测得的淬透性曲线，分析试验材料的淬透性和特点。

10.5　实验报告要求

（1）写出实验名称及目的；

（2）简述末端淬火法的实验原理和方法；

（3）列出实验数据，绘制出 45 钢和 40Cr 钢的淬透性曲线；

（4）说明淬透性的实际意义；

（5）简述实验中存在的问题及体会。

实验 11　奥氏体晶粒度的测定

11.1　实 验 目 的

（1）研究加热温度对奥氏体晶粒大小的影响；

（2）熟悉钢中奥氏晶粒大小的测定方法；

（3）通过实验建立钢的晶粒度的概念。

11.2　实 验 原 理

金属及合金的晶粒大小与金属材料的力学性能，工艺性能及物理性能有着密切的关系。细晶粒金属材料的机械性能与工艺性能均比较好，它的冲击韧性和强度都比较高，塑性好，易于加工，在淬火时不易变形和开裂。

金属材料的晶粒大小称为晶粒度，评定晶粒粗细的方法称为晶粒度的测定。为了便于统一比较和测定，国家制定了统一的标准晶粒度级别。按晶粒大小分为 8 级，1~3 级为粗晶粒，4~6 级为中等晶粒，7~8 级为细晶粒。

钢的晶粒度测定，分为测定奥氏体本质晶粒和实际晶粒，本实验首先显示出钢的奥氏体晶粒，然后进行晶粒度测定。下面具体介绍奥氏体晶粒的显示和测定晶粒度的方法。

11.3　实验设备及材料

（1）实验设备：金相试样抛光机、金相显微镜；

（2）实验材料：碳钢试样、金相砂纸、抛光布、抛光膏、脱脂棉、4%硝酸酒精溶液、竹夹子等。

11.4　实 验 步 骤

11.4.1　奥氏体晶粒的显示

由于奥氏体在冷却过程中发生相变，因而在室温下一般已不存在，要确定钢的奥氏体晶粒大小，必须设法在冷却以后仍能显示出奥氏体原来的形状和大小，常用的方法有常化法和氧化法两种。

（1）常化法。将试样加热到所需的温度，保温后在空气中冷却。对中碳钢（0.3%~0.6%C），当加热到 A_{c3} 以上温度以后，在空气中冷却时通过临界温度区域，会沿着奥氏体晶粒边界析出铁素体网。对于过共析碳钢试样加热到 A_{cm} 以上后缓慢冷却，可以根据沿晶界析出的渗碳网来确定晶粒度。

（2）氧化法。将抛光的试样置于弱氧化气氛的炉中加热一定时间后，经水淬或正火冷却处理，在试样表面获得一层氧化膜，由于晶界较晶内化学活性大，氧化程度深，因而可以在显微镜下直接观察到晶粒。如果晶界难以观察，可经轻度抛光，再用 4% 苦味酸酒精溶液浸蚀，便可以观察到黑色网络状晶界，此方法可用于测定亚共析钢、共析钢及合金钢的奥氏体晶粒度。

11.4.2　测定晶粒度的方法

下面介绍两种测定晶粒度的方法。

（1）比较法。借助金相显微镜观察待测样品，观察放大倍数为 100 倍，观察时可与标准晶粒度级别图进行比较，以最近似的晶粒度级别定为试样的晶粒度级别。如果显微镜的放大倍数不是 100 倍时，仍可按标准晶粒度级别图测定，再通过换算，确定晶粒度级别；若试样晶粒不均匀时，则可按如下方法记录：7～8 级、7～5 级等，前一级别的晶粒占多数。

（2）弦长计算法。先将待测试样选择有代表性的部位，在显微镜下选择 100 倍放大倍数直接观察测定，或拍摄金相照片。当晶粒过大或过小时，可适当调整，按照视场内不少于 50 个晶粒的原则选择小一级或大一级放大倍数。若选用的目镜带有标尺、线段或者圆圈，则数出相截的晶粒总数。线段端部或尾部未被完全相截的晶粒，应记为一个晶粒。以晶粒数目代入下式可计算出平均弦长，并通过查表 11-1 确定晶粒度级别。

$$d = \frac{n \cdot L}{\tau \cdot M} \tag{11-1}$$

式中　d——弦的平均长度，mm；

$\quad\quad n$——线段条数，一般为 3；

$\quad\quad L$——线段长度，mm；

$\quad\quad \tau$——相截晶粒总数；

$\quad\quad M$——放大倍数。

当使用带有线段或圆圈的目镜测定时，因线段或圆周长度已经过显微镜测微尺标定，因而不再考虑放大倍数。

表 11-1　晶粒度评级表

晶粒度号	放大 100 倍时，每 64.5mm² 面积内所含晶粒数目			实际 mm² 面积平均含有晶粒数	平均每一晶粒所占面积/mm²	计算的晶粒平均直径/mm	弦的平均长度/mm
	最多	最少	平均				
-3[①]	0.09	0.05	0.06	1	1	1	0.886
-2[①]	0.19	0.09	0.12	2	0.5	0.707	0.627
-1	0.37	0.17	0.25	4	0.25	0.500	0.444
0	0.75	0.37	0.5	8	0.125	0.363	0.313
1	1.5	0.75	1	16	0.0625	0.250	0.222

晶粒度号	放大 100 倍时，每 64.5mm^2 面积内所含晶粒数目			实际 mm^2 面积平均含有晶粒数	平均每一晶粒所占面积/mm^2	计算的晶粒平均直径/mm	弦的平均长度/mm
	最多	最少	平均				
2	3	1.5	2	32	0.0312	0.177	0.157
3	6	3	4	64	0.0156	0.125	0.111
4	12	6	8	128	0.0078	0.088	0.0783
5	24	12	16	256	0.0039	0.062	0.0553
6	48	24	32	512	0.0019	0.044	0.0391
7	96	48	64	1024	0.0098	0.031	0.0267
8	192	96	128	2048	0.00049	0.022	0.0196
9	384	192	256	4096	0.000244	0.0156	0.0138
10	768	384	512	8192	0.000122	0.0110	0.0098
11	1536	768	1024	16384	0.000061	0.0078	0.0069
12	3072	1536	2048	32768	0.000030	0.0055	0.0049

① 为了避免在晶粒度号前出现"-"号，近来有人把-3、-2、-1 等晶粒度改写为 0000、000 及 00 号。

11.5　实验报告及要求

（1）写出显示奥氏体晶粒的基本原理及常用方法；

（2）简述本实验所用测定奥氏体晶粒度的方法；

（3）讨论温度对奥氏体晶粒大小的影响。

实验 12　　金属的塑性变形与再结晶

12.1　实　验　目　的

（1）了解金属经冷加工变形和再结晶退火后的组织特征；

（2）研究变形度对冷塑性变形金属再结晶退火后晶粒大小的影响；

（3）了解在编制金属材料塑性变形加工工艺时应注意的问题。

12.2　实　验　原　理

在外力作用下，应力超过金属的弹性极限时金属所发生的永久变形称为塑性变形。金属经受塑性变形后，其组织和性能发生很大的变化。一般说来，经塑性变形的金属绝大多数还要进行退火。退火会使金属的组织和性能发生与形变相反的变化，这个过程称为回复与再结晶。本实验着重研究冷塑性变形及再结晶退火对金属组织和性能的影响，重点讨论下面几个问题。

12.2.1　金属塑性变形的基本方式

金属单晶体的塑性变形有"滑移"与"孪生"等不同的方式，但在多数情况下都是以滑移方式进行的。

滑移是指晶体的一部分相对于另一部分沿一定晶面发生相对的滑动。滑移的结果会在晶体的表面上造成台阶，但这种台阶一般在显微镜下是看不到的，因为在制备试样时已经把它磨掉了。如果拿一块纯铝，先将表面抛光而后变形，就发现抛光表面变得粗糙了，再在显微镜下观察时，则可在试样的表面上看到很多相互平行的线条，这些线条称为滑移带。近数十年来大量的理论研究证明，滑移是由于滑移面上的位错运动而造成的。

一般变形均是以滑移的方式进行。但有些金属如六方晶系的锌、镉、镁等，当其滑移发生困难时常以孪生的方式进行变形。孪生就是晶体中一部分以一定的晶面为对称面，与晶体的另一部分发生对移移动。孪晶的结果是孪晶面两侧的位向发生变化，呈镜面对称。所以孪晶变形后重新磨光腐蚀时，能看到较宽的变形痕迹——孪晶带。

12.2.2　金属冷变形后的组织和性能变化

金属材料在外力作用下产生塑性变形时，不仅其外形发生变化，而且其内部晶粒的形状也发生变化。随着变形量的加大其内部晶粒被压扁或拉长，当形变量很大时，各晶粒将会被拉长成为细条状或纤维状，此时金属的性能将会具有明显的方向性。塑性变形不仅使晶粒的外形发生变化，而且也使晶粒内部发生变化，除了产生滑移带、孪晶带以外，还会使晶粒破碎、形成亚结构，使位错密度增加。同时由于晶粒破碎、位错密度增加，金属的塑性变形抗力迅速增大，产生"加工硬化"现象。

另外，在塑性变形过程中，当形变量很大量时，金属的组织将会出现一种"择优取向"（或称为"织构"）现象。金属中形变结构的形成，会使其各种性能呈现明显的各向异性。

12.2.3 冷变形金属再结晶退火后的晶粒度

变形金属在再结晶退火后所得到的晶粒度对其机械性能有极其重要的影响，不仅影响金属的强度和塑性，而且还影响金属的冲击韧性。为了掌握变形金属的退火质量，了解金属材料经再结晶退火后晶粒度的变化是很重要的。影响金属材料再结晶退火后晶粒度的因素很多，最主要的是再结晶退火温度及冷变形度。

（1）加热温度的影响：再结晶退火时的加热温度越高，金属的晶粒便越大，如图12-1所示。

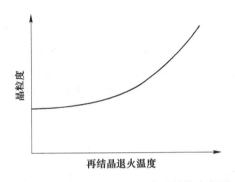

图 12-1 再结晶退火时加热温度对晶粒度的影响

（2）变形度的影响：变形度越大，再结晶后的晶粒便越细。但当变形度很少时，由于金属的晶格畸变很小，不足以引起再结晶，故再结晶后的晶粒比较粗大，这个变形度称为"临界变形度"，如图12-2所示。生产中应尽量避免在这一范围的加工变形，以免形成粗大晶粒而降低其性能。

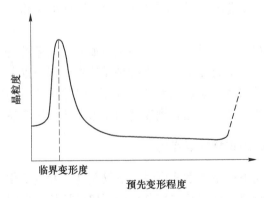

图 12-2 再结晶退火时晶粒度与预先变形程度的关系

12.3　实验设备及材料

（1）实验设备：拉伸机、加热炉；

（2）实验材料：纯铝实验片、腐蚀剂。

12.4　实 验 步 骤

本实验是将纯铝片分别经 0%、2%、4%、6%、8%、12%、18% 的冷变形后再用 600℃ 退火 30min，另用楔形铝片，经拉伸后用 600℃ 退火 30min，在这些铝片上观察变形度对再结晶退火后晶粒度的影响。具体步骤如下：

（1）每组 7～8 人领取铝片 7 片及楔形铝 1 片，分别按 0%、2%、4%、6%、8%、12%、18% 变形量进行变形，楔形铝片变形度自定。

（2）变形后将铝片放在炉中，加热至 600℃ 退火 30min。

（3）退火后用 75%HCl 溶液、20%NHO$_3$ 溶液、5%HF 溶液擦拭，边擦边用水洗，直至晶粒完全暴露为止。

12.5　实验报告要求

（1）记录实验数据，做出晶粒大小与预先变形度的关系曲线，找出临界变形度；

（2）画出楔形铝片的再结晶晶粒组织图，分析组织特征；

（3）试分析预先变形度对晶粒大小的影响；

（4）根据所学知识，试说明在编制金属材料塑性变形加工工艺时应注意的问题。

第2篇

材料制备及成型实验

实验 13　　铝合金的熔炼及金相组织观察

13.1　实　验　目　的

（1）掌握铝合金的熔炼特点、炉料配制及熔炼工艺；

（2）了解精炼、变质处理的原理及工艺；

（3）了解变质处理对铝硅合金组织及性能的影响；

（4）了解实验设备的特点及操作方法。

13.2　实　验　原　理

铝合金包括铝硅类、铝铜类和铝镁类合金，其中铝硅类合金使用最多、最成熟。铝硅二元合金根据硅元素的质量分数不同可分为亚共晶 $w(Si)<12.60\%$、共晶 $w(Si)=12.6\%$ 和过共晶合金 $w(Si)>12.6\%$。特别是共晶成分的铝硅合金，具有良好的铸造性能，流动性、致密性好，收缩小，耐蚀性好，不易开裂。但此类合金若不进行变质处理，硅呈片状分布，由于它粗而脆，致使合金的强度及伸长率都很低；而通过变质处理后，其中大片状的硅消失，成为 α-Al 固溶体和细致的铝硅共晶组织，硬度、伸长率均大大提高，因此在生产中广泛应用。

为改变共晶硅或初晶硅的形态，铝合金可以用含 Na、Sr、Sb 的盐类或中间合金及稀土（RE）进行变质。变质反应机理一般观点认为，在铝硅合金凝固时加入以上元素，这些加入的元素或者吸附在共晶硅片的固有台阶上，或者富集在共晶液凝固结晶前沿，阻碍共晶硅沿贯有方向生长成大片状，使得硅依靠孪晶侧向分枝反复调整生长方向，达到与 α(Al) 固溶体协调生长，最终形成纤维状共晶硅。

13.3　实验设备及材料

（1）实验设备：坩埚电阻炉、属模、石墨坩埚、坩埚钳、石墨搅拌棒、金相显微镜、智能多元元素分析仪、热电偶温度控制仪、电热鼓风干燥箱、圆柱形金钟罩、砂轮机、金相试样组合式抛光机；

（2）实验材料：铝锭、铝硅中间合金坩埚涂料（水玻璃涂料或氧化锆涂料）、精炼剂（六氯乙烷或氯化锌）、变质剂、金相砂纸、腐蚀剂。

13.4 实 验 步 骤

铝硅二元合金的代表是 ZL102，其成分为典型的共晶成分，即硅的质量分数为 10%～14%，其余为铝，金相组织为 α-Al 固溶体+(α+β) 共晶体。

13.4.1 铝硅合金的熔化及精炼工艺

（1）将坩埚内壁清理干净后，放入电阻坩埚炉内，加热至 150℃ 左右在坩埚内壁涂刷涂料并烘干，同时将所用的工具如坩埚钳、搅拌棒及钟罩等刷涂料并烘干。

（2）将称好的炉料（铝锭及铝硅中间合金）放入坩埚中加热熔化。

（3）当温度升到 720～740℃ 时进行精炼，将事先烘烤过的氯化锌（0.2%）或者六氯乙烷包装好放入预热过的钟罩内，然后将钟罩放入合金液面以下，缓缓移动，反应完成后，将钟罩取出。

（4）精炼完后静置 2min，撇渣，在 740℃ 左右进行浇铸，浇铸一组试棒（变质处理前）。

13.4.2 变质处理

（1）称量所得试棒的质量，计算出坩埚中剩余合金的质量，然后计算变质剂质量。

（2）变质剂可用钠盐，其成分（质量分数）为 62.5%NaCl、12.5%KCl 和 25%NaF，其加入量一般为棒料质量的 2%～3%。此变质剂易吸潮，用前应在 150～200℃ 下长期烘干。变质剂也可用 Al-Sr 或者 Al-RE 中间合金。

（3）温度为 720～740℃ 时进行处理，先撇去液面的氧化渣，再将变质剂均匀撒在其表面，保持 12min 左右，然后用预热的搅拌棒搅拌 1min 左右，搅拌深度为 150～200mm，变质完后将液面的渣扒净。

（4）720～740℃ 时进行浇铸，浇铸一组试棒。

（5）将剩余金属倒入铸锭模中。

（6）坩埚内壁趁热清理干净。

（7）在试棒上打上标记。

13.4.3 进行金相组织观察

（1）自试棒上切下两个试片（变质前后各一片），将试片磨制抛光并且腐蚀；

（2）在放大 150～250 倍金相显微镜下进行观察，做好记录。

13.5 实验注意事项

（1）实验前对实验指导书及教材有关内容进行预习，以便对实验内容有一个全面了解；

（2）操作中严格按照规程进行，注意安全，熔化中所用工具需刷有涂料并预热后才能放入金属液中，以免引起金属液飞溅或带入夹杂；

（3）锭模使用前也需刷涂料及预热；

（4）浇铸前拉断电源，浇铸完后清理场地，并分别在铸锭及试样上打上标记。

13.6　实验报告要求

（1）简述铝合金熔化及精炼过程；

（2）描绘变质前后的显微组织，并分析其与性能的关系。

实验 14　用孕育剂细化铝合金晶粒

14.1　实验目的

（1）通过加入孕育剂的方法观察晶粒的细化效果；
（2）了解铝合金中加入孕育剂对铝合金结晶机制的影响；
（3）学习和掌握合金宏观晶粒的腐蚀及分析方法。

14.2　实验原理

在铝合金生产中，往往通过两种途径来提高力学性能：（1）加入合金化元素使其与铝形成多元的强化相，从而使铝的性能得到显著改善；（2）通过加入元素，其晶格方位与铝的对应，可以起到外来结晶核心的孕育作用，使铝相在结晶时晶粒细小而且显著增多，达到强化铝相的目的。

目前在铝合金生产中通常用 Ti、Zr、B 等及其复合孕育剂。钛加入量一般为铝液质量的 $0.1\% \sim 0.35\%$，偏高时很易形成 $TiAl_3$ 相的偏析，在铝液中溶解很慢，尤其在生产中温度不高的情况下更难溶解，还会出现"遗传性"，因此较难掌握。经研究发现，Ti、B、Zr 复合孕育比单用 Ti 或 B 孕育更有效，并可降低 Ti 的用量，避免 $TiAl_3$ 偏析的产生。

孕育剂加入的方法有两种：（1）以中间合金的形式加入；（2）以等同合金孕育剂成分化合盐的形式加入（此孕育剂称为盐类孕育剂）。

14.3　实验设备及材料

（1）实验设备：电阻坩埚炉（1.5kW）、石墨坩埚；
（2）实验材料：Al-4%Cu，含 Ti、B 的盐类孕育剂，$\phi 20mm$ 金属型及干砂型。

14.4　实验步骤

（1）称取 Al-4%Cu 约 400g，在炉中加热升温至 720℃，将铝液浇铸一个金属型及一个干砂型中做成试样，并称量质量。

（2）将余下的铝液迅速继续升温至 750℃，称量剩余铝液质量 $0.125\% \sim 0.25\%$ 的盐类孕育剂，用铝箔包好，并用钟罩压入炉底，待翻腾停止后，充分搅拌、扒渣。

（3）待铝液温度降至 720℃ 时浇铸一个金属型及一个干砂型试样。

（4）将各试样按轴向从中间锯开，取一半用砂纸磨光。

（5）用已配好的 20% NaOH 水溶液腐蚀试样，然后用 10% HNO_3 溶液擦洗，再用流水冲洗干净。

（6）观察并比较孕育前、后的晶粒度。

14.5 实验报告要求

（1）记录合金熔化及孕育处理方法；

（2）记录晶粒度观测结果，并描绘图形；

（3）分析晶粒细化机制。

实验 15　　铝硅合金变质处理

15.1　实　验　目　的

（1）了解铝合金的熔配及铝硅合金的变质方法；
（2）了解变质程度不同对硅晶体生长过程的影响。

15.2　实　验　原　理

　　铝硅合金在铸造中应用很普遍，它具有许多优良性能：比强度高、耐腐蚀性好、铸造成型性好、热裂倾向小等。但由于合金中共晶硅呈粗大片状，初生硅呈粗大多面体形状或块状，因而脆性大，合金力学性能的提高受到很大限制。为了满足批量生产的要求，国内外正在广泛研制"长效变质剂"及新的变质方法。目前在生产中广泛应用加入少量元素而进行变质处理的方法，如加入钠盐和磷后改变了共晶硅及初生硅的形态，大大提高了铝硅合金的力学性能，特别是塑性。常用的变质元素有 Na、Sr、Ba、Ce 等，它们的作用和效果各不相同，其作用机理仍在进一步研究之中。为了研制新的更有效的变质方法及发挥现有变质剂作用，有必要对变质过程做进一步了解。

　　本实验选用磷作变质剂。由于共晶硅的形态细小，且与 α-Al 共晶长大，在长大过程中互相制约，经变质后共晶硅更加细小，用金相显微镜也很难分辨。而初生硅在液相中形核自由长大的硅晶体较大，用显微镜较易观察，因此在本实验中采用含 20% Si 的过共晶铝硅合金，经变质后改变了初生硅形状和生长方式。

　　初生硅结晶常以缺陷机理生长和孪晶台阶生长为主，生长时易沿［112］、［110］方向快速生长成板片状；但当有钠元素存在时，即易在硅生长表面上吸附，有封锁硅生长台阶的作用，阻止硅晶体生长成板片状，造成较大的过冷度，且钠有促使硅生长表面产生频繁的孪晶分枝。因此使硅改变了原来的生长方向，而以［100］方向生长。随着钠含量的增加，初生硅棱角逐渐钝化，而后全部生长成球形。

15.3　实验设备及材料

　　（1）实验设备：井式坩埚电炉，可控硅温度控制器，热电偶，0～1100℃毫伏表，坩埚、金属型试样模，干砂型试样模等；
　　（2）实验材料：ZL102 铝硅合金，结晶硅、磷，铝箔及吸水纸，变质剂磷。

15.4　实 验 步 骤

（1）配制 Al-20%Si 合金。

（2）将铝合金在电炉中加热至 850℃，再将称量好的结晶硅用铝箔包好，压入铝液中（操作过程中严防将硅直接与铝液接触，以防止硅表面包覆一层高熔点的氧化铝膜），待 15min 完全溶解后搅拌充分、扒渣，浇铸成原料锭以备实验用。

（3）将铝液立即浇入一个金属型试样模和一个干砂型试样模，试样按磷含量不同分别打好钢字号。

（4）将 0%、1.2%的两组铝液浇入样杯内，用电位差计测量冷却曲线。

（5）将试样横断面切取一半作金相试片。用 7%～10%NaOH 腐蚀液腐蚀处理后，在金相显微镜下观察初生硅及共晶硅的形态。

（6）将另一半试样磨光，经深腐蚀后，在金相显微镜下仔细观察初生硅的晶面形态。深腐蚀方法：用 20%NaOH 水溶液，在 70～100℃ 温度区间腐蚀，时间 2～3min。

15.5　实验报告要求

（1）记录合金熔配及变质处理过程；

（2）记录并描绘共晶硅的外貌及其与不同加磷量的关系；

（3）记录并描绘初晶硅的外貌及其与不同加磷量的关系；

（4）记录并描绘深腐蚀后初晶硅的形貌及其与其不同加磷量的关系；

（5）记录并分析变质前、后铝合金的冷却曲线；

（6）试分析初生硅的变质机理。

实验 16　　铸造合金流动性的测定

16.1　实　验　目　的

(1) 在铸型性质、铸件结构一定的条件下，测定二元铝合金的流动性；

(2) 比较合金成分及不同工艺因素对流动性的影响。

16.2　实　验　原　理

流动性是合金的铸造性能之一，流动性好的铸造合金，充型能力强；流动性差的合金，充型能力也就较差。金属的流动性对于排出其中的气体、杂质和补缩、防裂、获得优质铸件有影响。金属的流动性好，气体和杂质易于上浮，使金属净化，有利于得到没有气孔和杂质的铸件。良好的流动性，能使铸件在凝固期间产生的缩孔得到金属的补充，以及铸件在凝固期间受阻而出现的热裂得到液体金属的弥补，因此，合金良好的流动性有利于防止上述缺陷的产生。

流动性是用浇铸流动性试样测量的。测定流动性试样的类型有很多，如水平直棒试样、楔形试样、球形试样和螺旋形试样等，本实验采用螺旋形试样法。

螺旋形试样法是用浇铸的试样长度作为衡量流动性的依据。螺旋形试样模型结构如图 16-1 所示。

16.3　实验设备及材料

(1) 实验设备：螺旋形试样模具一套，井式电阻炉一台，石墨坩埚（8 号）一个，电热干燥箱一台，浸入式热电偶（镍铬-镍硅）一支，测温表（-20~1300℃）一台；

(2) 实验材料：原砂（50/100 目，即 0.147~0.28mm），黏土、水玻璃、纯铝 A00，铝硅合金（2%Si、5%Si、11.6%Si）。

16.4　实　验　步　骤

分别测定纯铝 A00 及铝硅合金在过热 60℃、100℃、140℃时浇铸的螺旋形试样长度。

(1) 将原砂（50/100 目）加 1%黏土混均匀后，再加水玻璃 10%混匀 5~7min，每次混合砂量为 5kg 左右。

(2) 造芯：先造上芯并烘干，然后再造下芯，并将上、下芯合起来再次烘干，烘干温度一般为 152~200℃，烘干 4~6h。

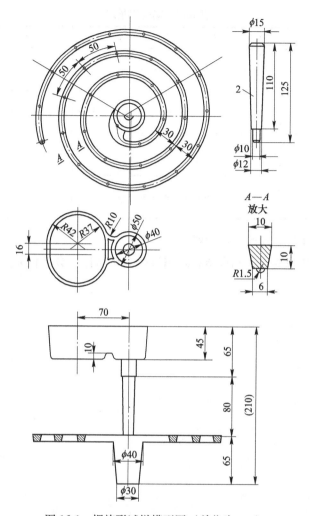

图 16-1　螺旋形试样模型图（单位为 mm）

（3）在电阻炉内熔化某一指定成分的铝合金，当液体合金温度升至 730~750℃时用六氯乙烷精炼，然后立即清除氧化的熔渣，静止 1~2min 即可浇铸。

（4）浇铸前将砂型与预热 300℃左右的浇口杯装配并用压铁压牢。

（5）浇铸时用预热到 300~500℃的浇口塞将浇口杯下口堵住，使金属液充填到一定高度（50mm）。当液体金属温度降至浇铸温度时，提起浇口塞，金属液充填铸型。

每次做一种成分的合金，浇铸过热 60℃、100℃、140℃试样，每组浇铸两个试样取其平均值。

（6）待试样冷却后，打开砂型测量试样长度。

16.5　实验报告要求

（1）将各组的实验数据填入表 16-1 中。

表 16-1　实验记录表

$w(Si)/\%$		0	2	5	11.6
液相线温度/℃					
过热度/℃					
浇铸温度/℃					
螺旋形试样长度/mm	1				
	2				
	3				
	平均				
备　注					

（2）做出过热度与流动性关系曲线。

（3）根据实验结果结合二元合金状态图进行分析讨论，分析误差产生原因。

实验 17　　熔体金属柱状结晶过程模拟实验

17.1　实 验 目 的

（1）用透明的 NH_4Cl 水溶液模拟金属柱状晶结晶过程；

（2）通过实验加深对柱状晶生长条件、生长过程和柱状晶形状的认识。

17.2　实 验 原 理

金属不透明，无法直接观察其生核和生长过程。一些无机物和有机物的溶液是透明的，其生核和生长过程可以直接观察。选择一些与金属生长条件相似的透明溶液，观察其生核和生长过程，可以间接了解金属熔体的生核和生长过程，加深对熔体金属生核和生长的认识，有助于组织的控制及材料性能的提高。

本实验的主要内容如下：

（1）观察柱状晶的生长过程，分析其生长条件；

（2）了解定向凝固装置；

（3）观察等轴晶的生长过程及颈缩现象。

17.3　实验设备及材料

（1）实验设备：TE-1 型放大镜一台，电炉（300W）一台，量杯（20mL）一支，天平（感量 0.1g）一台，垂直式水冷定向结晶器一个，电加热器一个，烧杯一个，塑料勺一个，电灯泡一个；

（2）实验材料：NH_4Cl 若干克。

17.4　实 验 步 骤

（1）用 0.1g 感量的天平称取 NH_4Cl 200g、H_2O 300g 装入烧杯内，放在电炉上加热至沸腾。

（2）把 70℃温水倒入水平结晶器内预热结晶器和加热器几分钟，然后将水倒出。

（3）把开水倒入结晶器上的加热器中，把电热器放入其中加热。

（4）NH_4Cl 水溶液从结晶器口注入结晶器（注意：使气泡全部排出），并把放大镜置于结晶器上方。

（5）开动水泵，通水冷却结晶器水冷端。

（6）从放大镜上方观察柱状晶生长过程，用示意图画出柱状晶的形状和生长过程。

（7）用感量 0.1g 的天平称取 NH_4C 180g、H_2O 150g 装入烧杯内加热，待全部溶解后倒入结晶器内放到 TE-1 型放大镜上观察等轴晶的生长过程，并绘出晶体生长示意图，说明生长条件。

（8）取 NH_4C 15g、H_2O 14g 装入烧杯内加热，待全部溶解后放在双目放大镜下观察晶体生长情况及颈缩现象。画出晶体形状，分析颈缩产生的原因。

17.5　实验报告要求

简述实验过程，绘出柱状晶生长过程和形状示意图，思考并回答下列问题：

（1）柱状晶的生长条件是什么，生长速度与哪些因素有关，怎样控制柱状晶生长，如何避免等轴晶出现？

（2）NH_4Cl 晶体从水溶液中析出与金属熔体结晶有没有区别，为什么？

第 3 篇
材料的性能测试实验

实验 18　金属拉伸力学性能的测定

18.1　实　验　目　的

（1）掌握低碳钢的屈服强度 R_{eL}、抗拉强度 R_m、断后伸长率 A 和断面收缩率 Z 的测试方法；

（2）测定铸铁的抗拉强度 R_m；

（3）分析比较低碳钢和铸铁的力学性能特点。

18.2　实　验　原　理

金属拉伸实验是金属材料力学性能测试中最重要的实验方法之一。通过拉伸实验可以揭示材料在静载荷作用下应力应变及常见的 3 种失效形式（过量弹性变形、塑性变形和断裂）的特点和基本规律，可以评价材料的基本力学性能指标，如屈服强度、抗拉强度、伸长率和断面收缩率等，这些性能指标是材料的评定和工程设计的主要依据。

根据《金属材料——室温拉伸试验方法》（GB/T 228—2002）的规定，对一定形状的试样施加轴向试验力 F 拉至断裂。图 18-1 为典型的低碳钢拉伸曲线，由图可见，低碳钢试样在拉伸过程中，材料经历了弹性、屈服、强化与颈缩四个阶段，并存在三个特征点。在线性阶段，材料所发生的变形为弹性变形，弹性变形是指卸去载荷后，试样能恢复到原状的变形。在强化阶段材料所发生的变形主要是塑性变形，塑性变形是指卸去载荷后，试样不能恢复到原状的变形，即留有残余变形。

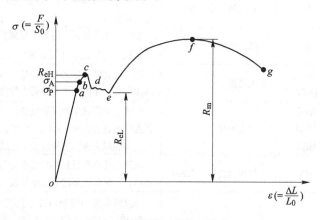

图 18-1　低碳钢的拉伸曲线

图 18-1 中低碳钢的拉伸曲线可以分成 oa 段、ae 段、ef 段和 fg 段。

（1）oa 段为弹性变形阶段。线段是直线，变形量与外力成正比，服从胡克定律；载荷去除后，试样恢复原来的初始状态。F_e 是使试样产生弹性变形的最大载荷。

（2）ae 段为屈服阶段。当载荷超过 F_e 时，拉伸曲线出现平台或锯齿，此时载荷不变或变化很小，试样却继续伸长，称为屈服，F_s 为屈服载荷；去除外力后，试样有部分残余变形不能恢复，称为塑性变形。

（3）ef 段为强化阶段。试样在屈服阶段时，由于塑性变形使试样的变形抗力增大，只有增加载荷，变形才可以继续进行。在这个阶段，变形与硬化交替进行，随塑性变形增大，试样变形的抗力也逐渐增大，这种现象称为加工硬化。这个阶段试样各处的变形都是均匀的，也称为均匀塑性变形阶段。F_b 为试样拉伸实验时的最大载荷。

（4）fg 段为颈缩阶段。当载荷超过最大载荷 F_m（F_b）时，试样发生局部收缩，这种现象称为"颈缩"。由于变形主要发生在缩颈处，其所需的载荷也随之降低。随着变形的增加，直到试样断裂。

下面介绍低碳钢的力学性能指标。

（1）低碳钢的力学性能指标见表 18-1。

表 18-1　低碳钢的力学性能指标

力学性能	性能指标			说　　明
	符号		名称	
	新标准	旧标准		
强度	R_m	σ_b	抗拉强度（MPa）[①]	相应最大力（F_m）的应力
	R_{eH}	σ_{sU}	上屈服强度（MPa）	屈服强度是指当金属材料呈现屈服现象时，在实验期间达到塑性变形发生而力不增加的应力点。试样发生屈服而力首次下降前的最高应力称为上屈服强度；屈服期间不计初始瞬时效应时的最低应力称为下屈服强度
	R_{eL}	σ_{sL}	下屈服强度（MPa）	
	R_p	σ_P	规定非比例延伸强度（MPa）	非比例延伸强度等于规定的引伸计标距百分率时的应力。使用的符号应附以下脚注说明所规定的百分率，例如 $R_{p0.2}$ 表示规定非比例延伸率为 0.2% 时的应力
	$R_{p0.2}$	$\sigma_{p0.2}$		
塑性	A	δ_5	断后伸长率（%）	断后标距的残余伸长（$L_u - L_0$）与原始标距（L_0）之比的百分率
	Z	ψ	断面收缩率（%）	断后试样横截面积的最大缩减量（$S_u - S_0$）与原始横截面积（S_0）之比的百分率
硬度	HBW	HBS HBW	布氏硬度	用一定直径的硬质合金球施加试验力压入试样的表面形成压痕，布氏硬度与试验力除以压痕面积的商成正比
	HRC HRB HRA	HRC HRB HRA	洛氏硬度	根据压痕深浅来测量硬度值，硬度数值可直接从洛氏硬度计表盘上读出。HRC、HRB、HRA 分别表示用不同的压头和载荷测得的硬度值，也适用于不同场合
	HV	HN	维氏硬度计（MPa）	用正四棱锥形压痕单位面积上所受到的平均压力数值表示，可测硬而薄的表面层硬度
冲击韧性	K_{V2} K_{U2} K_{V8} K_{U8}	A_k	冲击吸收能量	用规定高度的摆锤对处于简支梁状态的缺口（分 V、U 形两种）试样进行一次打击，计算试样折断时的冲击吸收功。其中 K_{V2} 是 V 形缺口、K_{U2} 是 U 形缺口试样在 2mm 摆锤刀刃下的冲击吸收能量；K_{V8} 是 V 形缺口、K_{U8} 是 U 形缺口试样在 8mm 摆锤刀刃下的冲击吸收能量

力学性能	性能指标			说　明
	符号		名称	
	新标准	旧标准		
抗疲劳性能	σ_{-1}	σ_{-1}	疲劳极限（MPa）	材料的抗疲劳性能是通过实验决定的，通常是在材料的标准试样上加上循环特性为 $r=\sigma_{min}/\sigma_{max}=-1$ 的对称循环变应力或者 $r=0$ 的脉动循环（又称为零循环）的等幅变应力，并以循环的最大应力 σ_{max} 表征材料的疲劳极限

①括号内为单位。

屈服强度：试样在拉伸实验过程中试验力不增加（保持恒定）仍能继续伸长时的应力。一般把下屈服点作为材料的屈服点，在实验中指针来回摆动力的最小值作为材料的屈服载荷 F_{eL}，若原始面积为 S_0，则：

$$R_{eL} = F_{eL}/S_0 \tag{18-1}$$

抗拉强度：抗拉强度为试样拉伸过程中最大试验力所对应的应力。从拉伸曲线图上的最高点可确定实验过程中的最大力 F（见图18-1），或从试验机的测力度盘上读取最大力 F_{eL} 抗拉强度 R_m。计算公式如下：

$$R_m = F_m/S_0 \tag{18-2}$$

断后伸长率：断后伸长率是在试样拉断后测定的。将拉断后试样的断裂部分在断裂处紧密对接在一起，尽量使其轴线位于同一直线上，测出试样断裂后标距间的长度 L_μ。若试样原始长度为 L_0，则断后伸长率 A 的计算式为：

$$A = \frac{L_\mu - L_0}{L_0} \times 100\% \tag{18-3}$$

断口附近塑性变形最大，所以断裂位置对 A 的大小有影响，其中以断裂在正中的试样，其伸长率最大。因此，断后标距 L_μ 的测量方法根据断裂位置不同而异，有如下两种：

1）直测法。如果从断裂处到最邻近标距端点的距离大于 $L_0/3$ 时，可直接测量标距两端点间的距离。

2）移位法。如果从断裂处到最邻近标距端点的距离小于或等于 $L_0/3$ 时，则用移植法将断裂处移至试样中部来测量。其方法如图18-2所示。

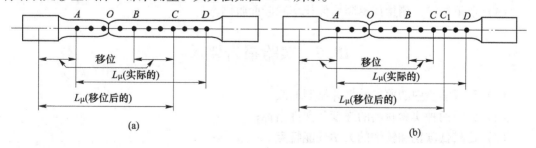

(a)

(b)

图18-2　位移法测量 L_μ

（a）余格为偶数；（b）余格为奇数

在断裂试样的长段上从断裂处 O 取基本等于短段格数，得 B 点（OB 近似等于 OA）。接着取等于长段所余格数（偶数，见图 18-2（a））的一半得 C 点，或取所余格数（奇数，见图 18-2（b））分别减 1 与加 1 的一半得 C 和 C_1 点。移位后的 L_μ 分别为 $AO+OB+2BC$ 和 $AO+OB+BC+BC_1$。

断面收缩率 Z 的测定：Z 也是在试样断裂后测定的。只要测出颈缩处最小横截面积 S_μ，则可按式（18-4）算出 Z 值：

$$Z = \frac{S_\mu - S_0}{S_0} \times 100\% \tag{18-4}$$

S_μ 的确定方法：将试样断裂部分仔细地配接在一起，使其轴线处于同一直线上。对于圆形横截面试样，在缩颈最小处两个互相垂直的方向上测量其直径，用两者的算术平均值计算出 S_μ。

（2）铸铁力学性能指标。试样在拉力不大的情况下会突然拉断，断裂前应变很小，拉断后的伸长率也很小，同时不出现屈服和颈缩现象，拉断时的载荷即为 F_m，它没有屈服点。其抗拉强度按式（18-2）计算。

18.3　实验设备及材料

（1）实验设备：万能材料试验机、游标卡尺；
（2）实验材料：低碳钢和灰铸铁标准试样至少各两件。

18.4　实 验 步 骤

（1）测量试样尺寸：分别在低碳钢和灰铸铁标准试样的中段取标距 $L_0 = 5d_0$。在标距的两端冲眼作为标志，在试样的标距范围内测量三处直径，取三个尺寸中间最小值计算截面积 S_0。

（2）试验机的准备：估计最大载荷，选择合适的测力范围，选定测力表盘和重锤；调整指针对准零点；装好自动绘图装置并安装好试样。

（3）进行实验：慢速加载使测力指针缓慢均匀地转动，自动绘图装置可以得到试样的受力与伸长量的关系曲线。

（4）取下试样，测量计算断后伸长率和断面收缩率。

18.5　实验报告要求

（1）记录实验中的原始数据并绘制曲线；
（2）计算两种实验材料的强度和塑性指标；
（3）比较低碳钢和铸铁的力学性能特点。

实验 19　　金属材料硬度测定

19.1　实　验　目　的

（1）了解不同种类硬度测定的原理及常用硬度实验法的应用范围；

（2）学会使用布氏、洛氏、维氏硬度计并掌握相应硬度的测试方法。

19.2　实　验　原　理

金属的硬度可以认为金属材料表面在应力作用下抵抗塑性变形的一种能力，硬度测量能够给出金属材料软硬程度的数量概念。由于在金属表面以下不同深处材料所承受的应力和所发生的变形程度不同，因而硬度值可以综合地反映压痕附近局部体积内金属的弹性、微量塑变抗力、塑变强化能力以及大量形变抗力。硬度值越高，表明金属抵抗塑性变形能力越大，材料产生塑性变形就越困难。另外，硬度与其他力学性能（如强度指标 σ_b、塑性指标 δ 和 ψ）之间有着一定的内在联系，所以从某种意义上说硬度的大小对材料的使用寿命具有决定性意义。常用的硬度实验方法有以下几种。

（1）布氏硬度实验：主要用于黑色、有色金属原材料检验，也可用于退火、正火钢铁零件的硬度测定。

（2）洛氏硬度实验：主要用于金属材料热处理后的产品硬度检验。

（3）维氏硬度实验：主要用于薄板材或金属表层的硬度测定，以及较精确的硬度测定。

（4）显微硬度实验：主要用于测定金属材料的显微组织组分或相组分的硬度。

19.2.1　布氏硬度

布氏硬度实验是施加一定大小的载荷 F，将直径为 D 的硬质合金球压入被测金属表面（见图 19-1）保持一定时间，然后卸除载荷，根据硬质合金球在金属表面上所压出的凹痕面积 $A_凹$ 求出平均应力值，以此作为硬度值的计量指标，并用符号 HB 表示。

其计算公式如下：

$$HB = F/A_凹 \tag{19-1}$$

式中　HB 值——布氏硬度值；

　　　　F——施加外力，N；

　　　　$A_凹$——压痕面积，mm^2。

根据压痕面积和球面之比等于压痕深度 h 和硬质合金球直径之比的几何关系，可知压

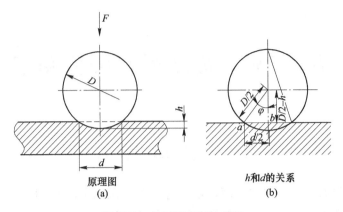

图 19-1　布氏硬度实验原理

（a）原理图；（b）h 和 d 的关系

痕部分的球面面积为：

$$A_{凹} = \pi D h \tag{19-2}$$

式中　D——硬质合金球直径，mm；

　　　h——压痕深度，mm。

由于测量压痕直径 d 要比测定压痕深度 h 容易，故可将式（19-2）中的 h 换成 d 来表示，这样可以根据几何关系求出：

$$(D/2) - h = [(D/2)^2 - (d/2)^2]^{1/2} \quad h = [D - (D^2 - d^2)^{1/2}] \tag{19-3}$$

将式（19-2）和式（19-3）代入式（19-1）即得：

$$\text{HB 值} = \frac{F}{A_{凹}} = \frac{2F}{\pi D(D - \sqrt{D^2 - d^2})} \tag{19-4}$$

当试验力 F 的单位是牛（N）时：

$$\text{HB 值} = \frac{0.102F}{A_{凹}} = \frac{0.204F}{\pi D(D - \sqrt{D^2 - d^2})} \tag{19-5}$$

式（19-4）和式（19-5）中的 d 是变数，故只需测出压痕直径 d，根据已知 D 和 F 值就可以计算出 HB 值。在实际测量时，可由压痕直径 d 直接查表得到 HB 值。

由于金属材料有硬有软，所测工件有厚有薄，若只采用同一种载荷（如 19400N）和同一个硬质合金球直径（如 $D = 10$mm）时，则对有些试样合适，而对另一些试样可能不合适，会发生整个硬质合金球陷入金属中的现象；若对于厚的试样合适，则对于薄的试样可能会出现压透的可能，所以在测定不同材料的布氏硬度值时要求有不同载荷 F 和不同直径 D 的钢球。为了得到统一的、可以相互比较的数值，必须使 D 和 F 之间维持某一比值关系，以保证所得到的压痕形状的几何相似关系，其必要条件就是使压入角 φ 保持不变。根据相似原理，由图 19-1 中 d 和 φ 的关系是：

$$\frac{D}{2} \sin \frac{\varphi}{2} = \frac{d}{2}$$

$$d = D \sin \frac{\varphi}{2}$$

代入式（19-4）得：

$$HB\ 值 = \frac{F}{D^2}\left\{\frac{2}{\pi\left[1 - \sqrt{1 - \left(\sin\dfrac{\varphi}{2}\right)^2}\right]}\right\} \tag{19-6}$$

式（19-6）说明，当 φ 值为常数时，为使 HB 值相同，F/D^2 也应保持为一定值。因此对同一材料而言，不论采用何种大小的载荷和硬质合金球直径，只要能满足 F/D^2 为常数，所得到的 HB 值就是一样的。对不同的材料来说，得到的 HB 值也可以进行比较。按照国标的规定，F/D^2 的比值有 30、10 和 2.5 三种，具体布氏硬度实验规范和适用范围可以参考表 19-1。

表 19-1　布氏硬度试验规范和适用范围

材料	硬度 HB 范围	试样厚度 /mm	F/D^2	硬质合金球 直径/mm	载荷 F/N	载荷保持 时间/s
黑色金属	140~450 <140	6~3	30	10	29400	10
		4~2		5	7350	
		<2		2.5	1837.5	
		>6	10	10	9800	10
		6~3		5	2450	
		<3		2.5	612.5	
铜合金及 镁合金	36~130	>6	10	10	9800	30
		6~3		5	2450	
		<3		2.5	612.5	
铝合金及 轴承合金	8~35	>6	2.5	10	2450	60
		6~3		5	612.5	
		<3		2.5	152.88	

19.2.2　洛氏硬度

洛氏硬度实验常用的压头为圆锥角 $\alpha = 120°$、顶部曲率半径为 0.2mm 的金刚石圆锥体或直径 $D = 1.588$mm 的淬火硬质合金球。实验时（见图 19-2），先对试样施加初始试验力 F_0，在金属表面得一压痕深度，以此作为测量压痕深度的基线。随后再加上主试验力 F_1，此时压痕深度的增量为 h_1。金属在 F_1 作用下产生的总变形 h_1 中包括弹性变形和塑性变形。当将 F_1 卸除后，总变形中的弹性变形恢复，使压头回升一段距离。于是得到金属在 F_0 作用下的残余压痕深度 h（将此压痕深度 h 表示成 e，其值以 0.002mm 为单位表示），e 值越大表明金属的洛氏硬度越低；反之，则表示硬度越高。为了照顾习惯上数值越大、硬度越高的概念，故用一个常数 k 减去 e 来表示洛氏硬度值，并以符号 HR 表示，即：

$$HR = k - e \tag{19-7}$$

当使用金刚石圆锥体压头时常数 k 定为 100；当使用淬火硬质合金球压头时，常数 k 定为 130。实际测定洛氏硬度时，由于洛氏硬度计在压头的上方装有百分表，可直接读出压痕深度，并按式（19-7）换算出相应的硬度值。因此，在实验过程中金属的洛氏硬度值可直接读出。

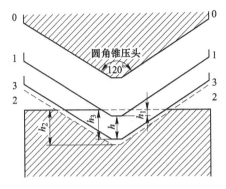

图 19-2　洛氏硬度实验原理图

1—在初始试验力 F_0 下的压入深度；2—由主试验力 F_1 引起的压入深度；3—卸除主试验力 F_1 后的弹性回复深度

为了测定软硬不同的金属材料的硬度，在洛氏硬度计上可选配不同的压头与试验力，组合成几种不同的洛氏硬度标尺，每一个字母在 HR 后注明。我国最常用的标尺有 A、B、C 三种，其硬度值的符号分别用 HRA、HRB、HRC 表示。

19.2.3　维氏硬度

维氏硬度的实验原理与布氏硬度相同，也是根据压痕单位面积所承受的试验力来表示维氏硬度值，所不同的是维氏硬度用的压头不是球体而是两对面夹角 α 为 136° 的金刚石四棱锥体。压头在试验力 F（单位是 kgf 或 N）作用下，将试样表面压出一个四棱锥形压痕，经规定时间保持载荷之后，卸除试验力，由读数显微镜测出压痕对角线平均长度 d，则：

$$d = \frac{d_1 + d_2}{2} \tag{19-8}$$

式中　d_1，d_2——两个不同方向的对角线长度，用来计算压痕的表面积。

所以维氏硬度值（HV）就是试验力 F 除以压痕表面积 A 所得的商。当试验力 F 为 1kgf(9.8N) 时计算公式如下：

$$HV = F/A = 2F\sin(136°/2)d^2 = 1.8544F/d^2 \tag{19-9}$$

当试验力 F 的单位为 N 时，计算公式如下：

$$HV = 0.102F/A = 0.204F\sin(136°/2)d^2 = 1.891F/d^2 \tag{19-10}$$

与布氏硬度一样，维氏硬度值也不标注单位。维氏硬度值的表示方法是：在 HV 前书写硬度值，HV 后按顺序用数字表示实验条件（试验力/试验力保持时间，保持时间为 10~15s 的不标）。例如，604HV30/20 表示用 30kgf(294N) 试验力保持 20s 测定的维氏硬度值为 640；如果试验力为 1kgf(9.8N)，实验加载保持时间 10~15s，测得硬度值为 560，则可表示为 560HV1。

维氏硬度实验的试验力为 5~100kgf(49~980N)，小负荷维氏硬度实验的试验力为 0.2~5kgf(1.96~49N)，可根据试样材料的硬度范围和厚度来选择，其选择原则应保证实验后压痕深度 h 小于试样厚度（或表面层厚度）的 1/10。

在一般情况下，建议选用试验力 30kgf（294N）。当被测金属试样组织较粗大时，也可选用较大试验力。但当材料硬度大于等于 500HV 时，不宜选用大试验力，以免损坏压头。试验力的保持时间：黑色金属 10~15s，有色金属（30±2）s。

19.2.4   显微硬度

金属显微硬度实验原理与宏观维氏硬度实验法完全相同，只不过所用试验力比小负荷维氏硬度试验力实验时还要小，通常在 0.01~0.2kgf（0.098~1.96N）范围内，所得压痕对角线也只有几微米至几十微米。因此，显微硬度是研究金属微观组织性能的重要手段，常用于测定合金中不同的相、表面硬化层、化学热处理渗层、镀层及金属箔等的显微硬度。

金属显微硬度的符号、硬度值的计算公式和表示方法与宏观维氏硬度实验法完全相同。金属显微硬度实验的试验力分为 0.01kgf（9.8×10^{-2}N）、0.02kgf（0.196N）、0.05kgf（0.49N）、0.1kgf（0.98N）及 0.2kgf（1.96N）等五级，尽可能选用较大的试验力进行实验。

19.3   实验设备及材料

（1）实验设备：布氏硬度计、洛氏硬度计、维氏硬度计及显微硬度计，读数显微镜（最小分度值为 0.01mm）。

（2）实验材料：不同硬度实验方法的标准硬度块；20、45、T8、T12 钢退火态、正火态、淬火态及回火态试样，2024、7075、6063 退火态及时效态试样；试样尺寸为 ϕ20mm×10mm。

19.4   实 验 步 骤

（1）了解各种硬度计的构造、原理、使用方法、操作规程和安全注意事项。

（2）对各种试样选择合适的实验方法和仪器，确定实验条件。根据实验和试样条件选择压头、载荷（砝码）。

（3）用标准硬度块校验硬度计。校验的硬度值不应超过标准硬度块硬度值的 ±3%（布氏硬度）或±（1%~1.5%）（洛氏硬度）。

（4）试样支撑面、工作台和压头表面应清洁。试样平稳地放在工作台上，保证实验加载过程中不发生移动和翘曲，试验力平稳地加在试样上，不得造成冲击和振动，施力方向与试样表面垂直。保持载荷规定的时间（对布氏硬度、维氏硬度，卸去载荷后用读数显微镜测量压痕尺寸，计算或查表），卸去载荷准确地记录实验数据。

19.5   实验注意事项

（1）试样两端要平行，表面应平整，若有油污或氧化皮，可用砂纸打磨，以免影响测量；

（2）圆柱形试样应放在带有"V"形槽的工作台上操作，以防试样滚动；

（3）加载时应细心操作，以免损坏压头；

（4）测完硬度值，卸掉载荷后，必须使压头完全离开试样后再取下试样；

（5）金刚石压头属于贵重物件，质硬而脆，使用时要小心谨慎，严禁与试样或其他物件碰撞；

（6）应根据硬度计的适用范围，按规定合理选用不同的载荷和压头，超过适用范围，将不能获得准确的硬度值。

19.6　实验报告要求

（1）简述布氏硬度和洛氏硬度的实验原理、优缺点及应用；

（2）设计实验表格，将实验数据填入表内，对实验结果进行分析并进行必要的硬度值换算；

（3）分析用布氏硬度实验方法能否直接测量成品或较薄的工件。

实验 20　金属缺口试样冲击韧性的测定

20.1　实　验　目　的

（1）了解冲击韧性的含义；

（2）测定钢材和硬铝合金的冲击韧性，比较两种材料的抗冲击能力和破坏断口的形貌。

20.2　实　验　原　理

材料在冲击载荷作用下，产生塑性变形和断裂过程吸收能量的能力，称为材料的冲击韧性。用实验方法测定材料的冲击韧性时，是把材料制成标准试样，置于能实施打击能量的冲击试验机上进行的，并用折断试样的冲击吸收功来衡量。

按照不同的实验温度、试样受力方式、实验打击能量等来区分，冲击实验的类型繁多，不下十余种。现在介绍常温、简支梁式、大能量一次性冲击实验，依据是国家标准《金属夏比缺口冲击试验方法》（GB/T 229—1994）。

冲击试验机由摆锤、机身、支座、度盘、指针等几部分组成，如图 20-1 所示。实验时，将带有缺口的受弯试样安放于试验机的支座上，举起摆锤使它自由下落将试样冲断。若摆锤质量为 G，冲击中摆锤的质心高度由 H_0 变为 H，势能的变化为 $G(H_0-H_1)$，它等于

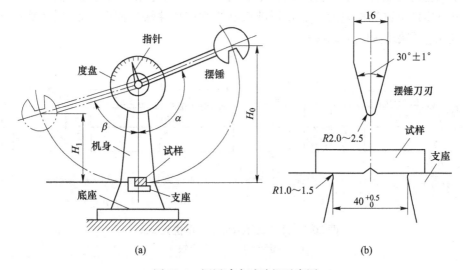

（a）　　　　　　　　　　　　　（b）

图 20-1　摆锤冲击试验机示意图

（a）试验机结构；（b）摆锤对试样作用方式

冲断试样所消耗的功，即冲击中试样所吸收的功为：

$$A_{\mathrm{k}} = W = G(H_0 - H_1) \tag{20-1}$$

设摆锤质心至摆轴的长度为 l（称为摆长），摆锤的起始下落角为 α，击断试样后最大扬起的角度为 β，式（20-1）又可写为：

$$A_{\mathrm{k}} = Gl(\cos\beta - \cos\alpha) \tag{20-2}$$

α 一般设计成固定值，为适应不同打击能量的需要，冲击试验机都配备两种以上不同质量的摆锤，β 则随材料抗冲击能力的不同而变化，如事先用 β 最大可能变化的角度计算出 A_{k} 值并制成指示度盘，A_{k} 值便可由指针指示的位置从度盘上读出。A_{k} 值的单位为 J（焦耳），A_{k} 值越大，表明材料的抗冲性能越好。A_{k} 值是一个综合性的参数，不能直接用于设计，但可作为抗冲击构件选择材料的重要指标。

值得指出的是，冲击过程所消耗的能量，除大部分为试样断裂所吸收外，还有一小部分消耗于机座振动等方面，只因这部分能量相对较小，一般可以省略。但它却随实验初始能量的增大而加大，故对 A_{k} 值原本就较小的脆性材料，宜选用冲击能量较小的试验机。如用大冲击能的试验机将影响实验结果的真实性。

材料的内部缺陷和晶粒的大小对 A_{k} 值有明显影响，因此可用冲击实验来检验材料质量，判定热加工和热处理工艺质量。A_{k} 值对温度的变化也很敏感，随着温度的降低，在某一狭窄的温度区间内，低碳钢的 A_{k} 值骤然下降，材料变脆，出现冷脆现象，所以常温冲击实验一般在 $10 \sim 35\,^{\circ}\mathrm{C}$ 的温度下进行。A_{k} 值对温度变化很敏感的材料，实验应在 $(20\pm2)\,^{\circ}\mathrm{C}$ 进行。温度不在这个范围内时，应注明实验温度。

实验试样的制备：冲击韧性 A_{k} 的数值与试样的尺寸、缺口形状和支承方式有关。为便于比较，国家标准规定两种形式的试样：（1）U 形缺口试样尺寸，形状如图 20-2（a）所示；（2）V 形缺口试样，尺寸形状如图 20-2（b）所示。此外，还有缺口深度为 5mm 的 U 形标准试样。当材料不能制成上述标准试样时，允许采用宽度 7.5mm 或 5mm 等小尺寸试样，缺口应开在试样的窄面上。V 形缺口与深 U 形缺口适用于韧性较好的材料。用 V 形缺口试样测定的冲击韧性记为 A_{k}，U 形缺口试样则应加注缺口深度，如 A_{ku2}（缺口深度为 2mm）或 A_{ku5}（缺口深度为 5mm）。

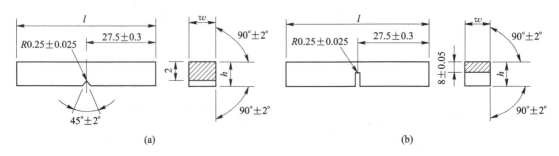

图 20-2　冲击试样示意图（单位为 mm）
(a) V 形缺口；(b) U 形缺口

冲击时，由于试样缺口根部形成高度应力集中，吸收较多的能量，缺口的深度、曲率半径及角度的大小都对试样的冲击吸收功有影响。为保证尺寸准确，缺口应采用铣削、磨削或专用的拉床加工，要求缺口底部光滑，无平行于缺口轴线的刻痕。试样的制备也应避免由于加工硬化或过热而影响其冲击性能。

20.3　实验设备及材料

（1）实验设备：摆锤式冲击试验机；
（2）实验材料：冲击试样。

20.4　实　验　步　骤

（1）检查试样的形状、尺寸及缺口质量是否符合标准的要求。

（2）选择合适的摆锤，冲击试验机一般在摆锤最大打击能量的 10%～90% 范围内使用。

（3）空打实验：举起摆锤，试验机上不放置试样，把指示针（从动针）拨至最大冲击能量刻度处（数显冲击机调零），然后释放摆锤空打，指针偏离零刻度的示值（回零差）不应超过最小分度值的 1/4。若回零差较大，应调整主动针位置，直至空打从动针指零。

（4）用专用对中块，使试样贴紧支座安放，缺口处于受拉面，并使缺口对称面位于两支座对称面上，其偏差不应大于 0.5mm。

（5）将摆锤举高挂稳后，把从动针拨至最大刻度处，然后使摆锤下落冲断试样。待摆锤回落至最低位置时，进行制动。记录从动针在度盘上的指示值或数显装置的显示值，即为冲断试样所消耗的功。

20.5　实验注意事项

（1）不带保险销的机动冲击试验机或手动冲击试验机，在安装试样前，最好先把摆锤用木块搁置在支座上，试样安装完毕再举摆锤。

（2）手动冲击试验机当摆锤举到需要高度时，可听到销钉锁住的声音，为避免冲断销钉应轻轻放摆锤，在销钉未锁住前切勿放手。摆锤下落尚未冲断试样前，不应将控制杆推向制动位置。

（3）在摆锤摆动范围内，不得有任何人员活动或放置障碍物，以确保安全。

（4）带有保险销的机动冲击试验机，冲击前应先退销再释放摆锤进行冲击。

20.6　实验报告要求

（1）实验报告的内容应包括：实验标准号，材料种类，试样尺寸及类型，实验温度，试验机型号及打击能量，冲击吸收功及备注。

（2）冲击吸收功在 100J 以上时，取三位有效数；在 10～100J 时，取两位有效数；小于 10J 时，保留小数后一位，并修约到 0.5J。

（3）如因试验机打击能量偏低，试样受冲击后未完全折断，应在实验数据之前加大于符号">"，其他情况则应注明"未折断"。

（4）试样断口有明显的夹渣、裂纹等缺陷时，应加以注明。

（5）因操作不当（例如提早制动等），试样卡锤，其实验结果无效，应重做。

（6）比较低碳钢和硬铝合金两种材料的 A_k 值，绘出两种试样的断口形貌，指出各自的特征。

实验 21　金属疲劳实验

21.1　实　验　目　的

（1）了解疲劳实验的基本原理；

（2）掌握疲劳极限、*S-N* 曲线的测试办法。

21.2　实　验　原　理

21.2.1　疲劳抗力指标的意义

目前评定金属材料疲劳性能的基本方法就是通过实验测定其 *S-N* 曲线（疲劳曲线），即建立最大应力 σ_{max} 或应力振幅 σ_a 与其相应的断裂循环周次 *N* 之间的关系曲线。不同金属材料的 *S-N* 曲线形状是不同的，大致可以分为两类，如图 21-1 所示。其中一类曲线从某应力水平以下开始出现明显的水平部分，如图 21-1（a）所示，这表明当所加交变应力降低到这个水平数值时，试样可承受无限次应力循环而不断裂，因此将水平部分所对应的应力称为金属的疲劳极限，用符号 σ_R 表示（*R* 为最小应力与最大应力之比，称为应力比）。若实验在对称循环应力（即 *R*=-1）下进行，则其疲劳极限以 σ_{-1} 表示，中低强度结构钢、铸铁等材料的 *S-N* 曲线属于这一类。对这一类材料在测试其疲劳极限时，不可能做到无限次应力循环，而实验表明这类材料在交变应力作用下，如果应力循环达到 10^7 周次不断裂，则表明它可承受无限次应力循环也不会断裂，所以对这类材料常用 10^7 周次作为测定疲劳极限的基数。另一类疲劳曲线没有水平部分，其特点是随应力降低，循环周次 *N* 不断增大，但不存在无限寿命，如图 21-1（b）所示。在这种情况下，常根据实际需要定

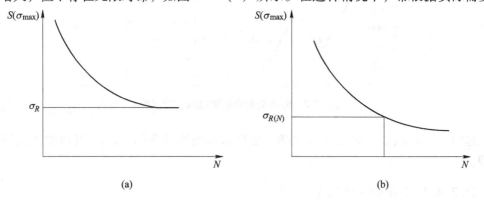

图 21-1　金属的 *S-N* 曲线示意图

（a）有明显水平部分的 *S-N* 曲线；（b）无明显水平部分的 *S-N* 曲线

出一定循环周次（10^8 或 5×10^7 等）下所对应的应力作为金属材料的"条件疲劳极限"，用符号 $\sigma_{R(N)}$ 表示。

21.2.2　S-N 曲线的测定

21.2.2.1　条件疲劳极限的测定

测试条件疲劳极限 $\sigma_{R(N)}$ 采用升降法，试件取 13 样以上。每级应力增量 $\Delta\sigma$ 取预计疲劳极限的 5% 以内，第一根试样的试验应力水平略高于预计疲劳极限。根据上根试样的实验结果，是失效还是通过（达到循环基数不破坏）来决定下根试样应力增量是减还是增，失效则减，通过则增，直到全部试样做完。第一次出现相反结果（失效和通过，或通过和失效）以前的实验数据，如在以后实验数据波动范围之外，则予以舍弃；否则，作为有效数据，连同其他数据加以利用，按下式计算疲劳极限：

$$\sigma_{R(N)} = \frac{1}{m} \sum_{i=1}^{N} v_i \sigma_i \qquad (21\text{-}1)$$

式中　m——有效实验总次数；

　　　N——应力水平级数；

　　　σ_i——第 i 级应力水平；

　　　v_i——第 i 级应力水平下的实验次数。

例如，某实验过程如图 21-2 所示，共 14 根试样。预计疲劳极限为 390MPa，取其 2.5% 约 10MPa 为应力增量 $\Delta\sigma$，第一根试样的应力水平 402MPa，全部实验数据波动如图 21-2 所示。可见，第四根试样为第一次出现相反结果，在其之前，只有第一根试样在以后实验波动范围之外，为无效，则按式（21-1）求得条件疲劳极限如下：

$$\sigma_{R(N)} = \frac{1}{13}(3 \times 392 + 5 \times 382 + 4 \times 372 + 1 \times 362) = 380(\text{MPa})$$

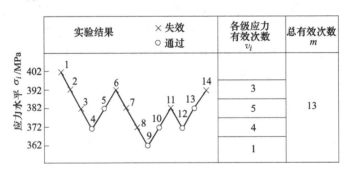

图 21-2　升降法测定疲劳极限实验过程

这样求得的 $\sigma_{R(N)}$，存活率为 50%，欲要求其他存活率的 $\sigma_{R(N)}$，可用数理统计方法处理。

21.2.2.2　S-N 曲线的测定

测定 S-N 曲线（应力水平 σ-循环次数 N 曲线）采用成组法，至少取五级应力水平，各级取一组试样，其数量分配，因随应力水平降低而数据离散增大，故要随应力水平降低而增多，通常每组 5 根。升降法求得的 $\sigma_{R(N)}$，作为 S-N 曲线最低应力水平点。然后，以 σ_i 为纵坐标，以循环数 N 或 N 的对数为横坐标，用最佳拟合法绘制成 S-N 曲线，如图 21-3 所示。

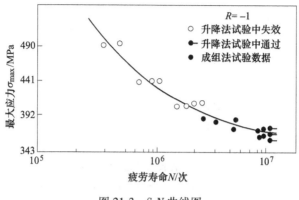

图 21-3 S-N 曲线图

21. 2. 3 疲劳试验机及疲劳试样

21. 2. 3. 1 疲劳试验机

疲劳试验机有机械传动、液压传动、电磁谐振以及近年发展起来的电液伺服等，机械传动类中又有重力加载、曲柄连杆加载、飞轮惯性、机械振动等形式，以下简述几种常用的疲劳试验机。

A 旋转弯曲疲劳试验机

旋转弯曲疲劳试验机的历史最悠久、积累数据最多，是一种迄今仍在广泛应用的疲劳试验机设备，是从模拟轴类工作条件发展起来的。图 21-4 为旋转弯曲疲劳试验机外形图，试样 1 与左、右弹簧夹头连成一个整体作为转梁。用左、右两对滚动轴承四点支承在一对转筒 2 内，电动机 3 通过计数器 5、活动联轴节 4 带动试样在转筒内转动，加载砝码通过吊杆 7 和横梁 6 作用在转筒 2 上，从而使试样承受一个恒弯矩。吊杆不动，试样转动，则试样截面上承受对称循环弯曲应力。当试样疲劳断裂时，转筒 2 落下触动停车开关，计数器记下循环断裂周次 N，这样的试验机转速一般在 3000~10000 次/min。图中 8 为加载卸载手轮。

B 电磁谐振疲劳试验机

瑞士 Amsler 高频疲劳试验机是一个由试样 3、弹性测力计 4、调节固有频率的质量块 1、电磁振荡器 14、预加载弹簧 5，以及重大的起反作用的质量块 2 组成的振动体系，整个体系放在四个隔振块上，如图 21-5 所示。这个体系有一个固有振动频率，微小的振动就使小电磁铁 13 得到一个与固有频率同相位的电势信号通入放大器 15，经过功率放大，得到强大的电流通入电磁振荡器 14，使试样以系统固有频率经受循环载荷。弹性测力计 4

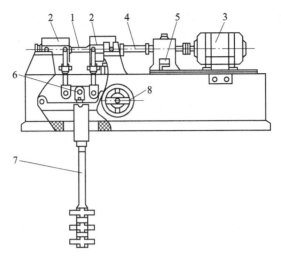

图21-4　旋转弯曲疲劳试验机

1—试样；2—转筒；3—电动机；4—活动联轴节；

5—计数器；6—横梁；7—吊杆；8—加载卸载手轮

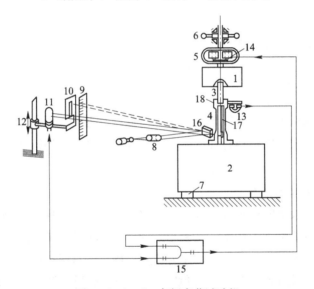

图21-5　Amsler高频疲劳试验机

1，2—质量块；3—试样；4—弹性测力计；5—预加载弹簧；6—调节丝杆；7—隔振块；

8—线光源；9—透明标尺；10—光阑；11—调节光管；12—光电管调节器；13—电磁铁；

14—电磁振荡器；15—放大器；16—小镜子；17—杆；18—弹性外壳

的弹性外壳与中心自由悬垂不受力的杆17，在系统受力过程中发生位移差而使带着小镜子16的杆转动，小镜子16上接收来自线光源在转动中发生的偏转，偏转反映在透明标尺9上，指示试样所受力的大小及范围。调节光电管11及光阑10位置，形成载荷信号，反馈到放大器15，修正通入振荡器的电流值，从而修正试样所受载荷大小。质量块1是由几个圆盘组成的，可通过增减圆盘改变质量以调节固有频率，改变试样尺寸也可调节固有频率，频率范围为60~300Hz。通过调节丝杠6和弹簧5施加静载荷，可得到任意不对称的循环载荷。这样的试验机现在应用很广泛，可用它做轴向加载和弯曲加载的实验以及裂纹扩展方面的实验。试验机装有载荷保护装置,当载荷过大、过小超过规定范围时,自动停车。

　　C　电液伺服疲劳试验机

电子计算机控制的电液伺服材料试验机是近几十年发展起来的最新材料试验机,对低周疲劳、随机疲劳、断裂力学的各项实验开展有着很大的推动作用。电液伺服疲劳试验机的准确性、灵敏性和可靠性比其他类型的试验机都要高,能够实现任何一种方式的载荷控制、位移控制或应变控制,在裂纹扩展过程中保持恒 K(K 指应力强度因子),可以测出试样的应力应变关系,应力应变滞后回线随周次的变化,可任意选择应力循环波形。配用计算机后,可进行复杂的程序控制加载、数据处理分析以及打印、显示和绘图,可以通过伺服阀与作动器的各种配置,加上适当的泵源,组成频率范围在 0.0001~300Hz 的各种系统,吨位容量范围 1~3000t,适用于试件及各种结构。

图 21-6 为 Instron 系列电液伺服材料试验机原理示意图。给定信号 I 通过伺服控制器 II 将控制信号送到伺服阀 1,用来控制从高压液压源 III 来的高压油推动作动器 2 变成机械运动作用到试样 3 上,同时载荷传感器 4、应变传感器 5 和位移传感器 6 又把力、应变、位移转化成电信号,其中一路反馈到伺服控制器中与给定信号比较,将差值信号送到伺服阀调整作动器位置,不断反复此过程,最后试样上承受的力(应变、位移)达到要求精度,而力、位移、应变的另一路信号通入读出器单元 IV 上,实现记录功能。

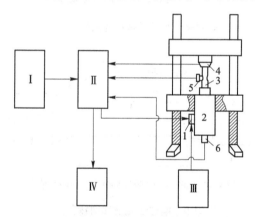

图 21-6　电液伺服材料试验机原理示意图
1—伺服阀;2—高压油推动作动器;3—试样;4—载荷传感器;5—应变传感器;6—位移传感器
I —给定信号;II —伺服控制器;III —高压液压源;IV —读出器单元

21.2.3.2　疲劳试样

疲劳试样的种类很多,其形状和尺寸主要决定了实验目的、所加载荷的类型及试验机型号。实验时所加载荷的类型不同,试样形状和尺寸也不相同。现将国家标准中推荐的几种旋转弯曲疲劳实验和轴向疲劳实验的试样列于图 21-7~图 21-14 中,以供选用。以上各种试样的夹持部分应根据所用试验机的夹持方式设计,夹持部分截面面积与试验部分截面面积之比大于 1.5;若为螺纹夹持,应大于 3。

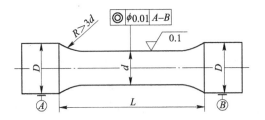

(d=6mm、7.5mm、(9.5 ±0.05)mm, L=40mm)

图 21-7　圆柱形光滑弯曲疲劳试验

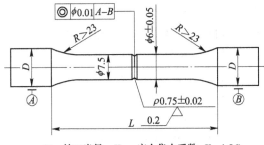

(ρ—缺口半径，K_1—应力集中系数, K_1=1.86)

图 21-8　圆柱形缺口弯曲疲劳试样

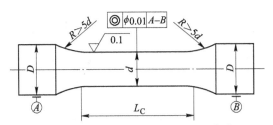

(d=5mm、8mm、(10±0.02)mm, L_C>3d, D^2/d^2≥1.5)

图 21-9　圆柱形光滑轴向疲劳试样

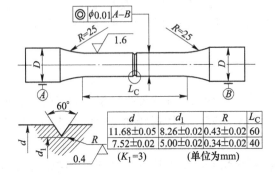

d	d_1	R	L_C
11.68±0.05	8.26±0.02	0.43±0.02	60
7.52±0.02	5.00±0.02	0.34±0.02	40

(K_1=3)　　　　　(单位为mm)

图 21-10　圆柱形 V 形缺口轴向疲劳试样

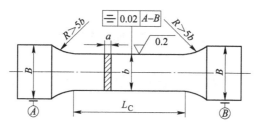

$(ab \geq 30mm^2, b=(2\sim6)a\pm0.02, L_C>3b, B/b\geq1.5)$

图 21-11 矩形光滑轴向疲劳试样

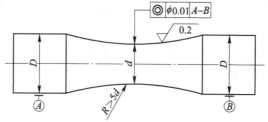

$(d=5mm、8mm、(10\pm0.02)mm, D^2/d^2\geq1.5)$

图 21-12 漏斗形光滑轴向疲劳试样

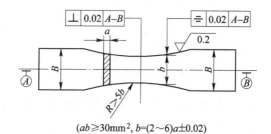

$(ab \geq 30mm^2, b=(2\sim6)a\pm0.02)$

图 21-13 漏斗形轴向疲劳试样

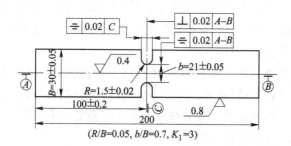

$(R/B=0.05, b/B=0.7, K_1=3)$

图 21-14 矩形 U 形缺口轴向疲劳试样

21.3 实验设备及材料

（1）实验设备：Instron 万能拉伸试验机（其试样形状与尺寸如图 21-7～图 21-14 所示）；

（2）实验材料：024 铝合金或中碳钢。

21.4　实 验 步 骤

本实验在旋转弯曲疲劳试验机上进行，其试样形状与尺寸如图 21-5 所示，实验材料以 2024 铝合金或中碳钢为宜。

21.4.1　实验准备工作

（1）领取实验所需试样，将试样两端打上编号。

（2）用精度为 0.01mm 的螺旋测微器测量试样尺寸，在试样工作区的两个相互垂直方向各测一次，取其平均值。

（3）静力试验。取其中一根合格试样，在拉伸试验机上测其 σ_b。静力实验的目的是：一方面检验材质强度是否符合热处理要求，另一方面可根据此确定各级应力水平。

21.4.2　*S-N* 曲线测试

（1）按前述有关规定确定各级应力水平。

（2）确定载荷。根据试样直径 d 及载荷作用点到支座距离 α，代入弯曲应力计算公式：

$$\sigma = \frac{F\alpha}{2} \bigg/ \frac{\pi d^3}{32} \tag{21-2}$$

整理得：

$$F = (\pi d^3/16\alpha)\sigma \tag{21-3}$$

将选定的应力 σ_1，σ_2，…代入式（21-3），即可求得相应的 F_1，F_2，…，若砝码配重无法满足计算载荷 F_1，F_2，…时，可按实际所加的相近质量，依次为实际载荷，再反算出实际应力。

（3）安装试样。将试样安装在试验机上，使其与试验机主轴保持良好同轴，用百分表检查。再用联轴节将旋转整体与电动机连接起来，同时把计数器调零。若电动机带有转速调节器，也将其调至零点。

（4）开始实验。接通电源，转动电机转速调节器，由零逐渐加快。实验时，一般以 6000r/min 为宜。当达到实验转速后，再把估算的砝码加到砝码盘上。

（5）观察与记录。由高应力水平到低应力水平，逐级进行实验。记录每个试样断裂的循环周次，同时观察断口位置和特征。

21.4.3　条件疲劳极限 $\sigma_{R(N)}$ 的测定

条件疲劳极限的测定方法和操作步骤与 *S-N* 曲线的测定基本上一样，所不同的就在于应力水平及应力增量的选定上。对钢材而言，$\sigma_{R(N)}$ 测试中，也选四级应力水平，其中第一个试样的应力 σ_1 取 $0.5\sigma_b$，而应力增量建议取 $0.25\sigma_b$。然后用升降法进行实验，并将实验结果记在图 21-13 中。在实验过程中随时记录，随时进行数据分析。当有效数据达到 13 个以上，则停止实验。将图 21-15 中的数据代入式（21-1）计算条件疲劳极限。

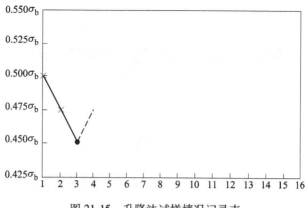

图 21-15　升降法试样情况记录表

21.5　实验报告要求

（1）说明实验所用设备的型号，画出试样草图。

（2）简述升降法测定 $\sigma_{R(N)}$ 的方法。

（3）按图 21-16 的实验数据，计算 2024 铝合金在 $R=0.1$ 时的条件疲劳极限 $\sigma_{R(N)}$ 值。

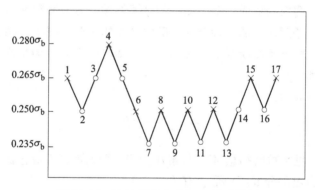

图 21-16　2024 铝合金 $R=0.1$ 的升降图

实验 22   金属磨损实验

22.1   实 验 目 的

（1）深入理解磨粒磨损的产生机理和影响因素，掌握金属材料改善耐磨粒磨损性能的方法；

（2）了解磨粒磨损试验机的工作原理、构造及使用；

（3）掌握金属材料耐磨性能的检测方法。

22.2   实 验 原 理

22.2.1   磨粒磨损的含义

磨粒磨损又称为磨料磨损或研磨磨损，是摩擦偶件一方表面存在坚硬的细微凸起或在接触面间存在硬质粒子时产生的一种磨损。磨粒磨损的主要特征是摩擦面上有擦伤或因明显犁皱形成的沟槽。根据磨粒所受应力大小不同，磨粒磨损可分为凿削式、高应力碾碎式和低应力擦伤式三类。

磨粒磨损量的计算方法如下：

$$W = K \frac{PL\tan\theta}{H} \tag{22-1}$$

式中，K 为系数，可见磨粒磨损量 W 与接触压力 P、滑动距离 L 成正比，与材料硬度 H 成反比，并与硬材料凸出部分或磨粒形状有关。

磨粒磨损机理主要有以下几种。

（1）微观切削磨损：在法向力下，磨粒压入表面，而切向力使磨粒向前推进，磨粒如同刀具一样，在表面进行切削而形成切屑。

（2）多次塑变磨损：犁沟—犁皱—反复塑性变形，最后因材料产生加工硬化或其他强化作用最终剥落而成为磨屑。

（3）微观断裂（剥落）磨损：磨粒与脆性材料表面接触时，材料表面因受到磨粒的压入而形成裂纹，当裂纹互相交叉或扩展到表面上时就发生剥落形成磨屑，断裂机制造成的材料损失率最大。

（4）疲劳磨损：摩擦表面在磨粒产生的循环接触应力作用下，使表面材料因疲劳而剥落。

在实际磨粒磨损过程中，往往有几种机制同时存在，但以某一种机制为主。当工作条件发生变化时，磨损机制也随之变化。

22.2.2 影响因素

（1）材料硬度：未热处理钢及纯金属的抗磨粒磨损的耐磨性与其自然硬度成正比。经过热处理的钢，其耐磨性随硬度增加而增加；钢中碳及碳化物形成元素的含量越高，耐磨性越好。

（2）显微组织：自铁素体逐步变为珠光体、贝氏体、马氏体，则耐磨性提高。在软基体中增加碳化物的数量及弥散度，可改善耐磨性；在硬基体中，如碳化物硬度与基体硬度相近，则使耐磨性受到损害；摩擦条件一定时，如碳化物硬度比磨粒硬度低，那么提高碳化物硬度，将增加耐磨性。

（3）加工硬化：低应力磨损时，加工硬化不能提高表面的耐磨性高应力磨损时，表面加工硬化硬度越高，耐磨性越好。

另外，磨粒硬度和大小也影响磨粒磨损耐磨性。

22.2.3 材料的耐磨性

耐磨性是指材料抵抗磨损的性能。常用磨损量表示，磨损量越小，耐磨性越高。磨损量的测量有称重法和尺寸法两种，称重法是用精密分析天平称量试样实验前后的质量变化确定磨损量，尺寸法是根据表面法向尺寸在实验前后的变化确定磨损量。

常用磨损量的倒数或用相对耐磨性，表征材料的耐磨性：

$$\varepsilon = \frac{\text{标准试验的磨损量}}{\text{被测验的磨损量}}$$

相对耐磨性 ε 的倒数也称为磨损系数。

22.2.4 磨粒磨损试验机及使用方法

ML-100 销盘式磨粒磨损试验机可进行与砂石等固体发生摩擦情况下金属材料的耐磨性能实验，得出测试材料的抵抗磨粒磨损性能，以便选择合理的材料和工艺。

该试验机的主机包括机身、转动圆盘、试样进给及加载部分。图 22-1 为 ML-100 磨粒磨损试验机原理图，电控柜包括转速调节、手自动调节、计数器、正反向启动停止等。

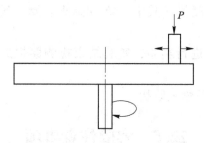

图 22-1　ML-100 销盘式磨粒磨损试验机原理图

载荷：2~100N（试样夹头自重）；

圆盘转速：60r/min、120r/min；

试样行程刻度：10~110mm；

试样进给量：1mm/r、2mm/r、3mm/r、4mm/r；

试样直径：2mm、3mm、4mm；

磨料直径：260mm。

销盘式磨粒磨损试验机使用方法如下：

（1）准备合格的试样、标样、砂纸。

（2）将试样分别装入弹性夹头内跑合一次。

（3）选取试样行程范围（如 20110mm），并固定微动限位开关的磁块位置（起始点确定后，机座"0"标尺对应的圆盘上某一刻度，作为每次开始点）。

（4）选定圆盘转速（如高速 120r/min）、试样径向进给量（如 2mm/r）。

（5）使用计数表设置实验总转数（如 500r），试样在圆盘上摩擦的阿基米德螺旋线轨迹总长度为 L。当工作起止点为行程起止位置时，L 的计算公式为：

$$L = \pi N(r_1^2 - r_2^2)/(r_1 - r_2) \tag{22-2}$$

式中　N——总转数；

　r_1，r_2——摩擦起止半径。

（6）安装试样，选定载荷，选择自（手）动挡位，启动电机，进行磨损实验。

（7）实验结束，关闭电源。

22.3　实验设备及材料

（1）实验设备：ML-100 销盘式磨粒磨损试验机、布洛氏硬度计、精密分析天平；

（2）实验材料：45 钢（退火态、调质态），T12 钢（淬火+低温回火态）。

22.4　实　验　步　骤

（1）熟悉销盘式磨损试验机的使用方法，并进行试样磨损量的测定。

（2）学生分组，每组取三件试样，分别为 45 钢退火态、45 钢调质态、T12 钢淬火回火态。

（3）分别测定试样的硬度值（其中，45 钢退火态测布氏硬度，其他试样测洛氏硬度）、质量。

（4）按照设定好的参数进行实验，实验结束检测磨损后试样的质量，并记录实验数据。

（5）取下试样，将试验机恢复原状。

22.5　实验注意事项

（1）实验前必须熟悉设备的结构特点和操作要求；

（2）检测时首先将试样装入火头跑合一次，以保证试样的端面与轴心线垂直；

（3）每测试一个试样，需更换一次砂纸；

（4）实验中不要用于转动圆盘，防止破坏锥度连接的可靠性。

22.6　实验报告要求

（1）简述实验目的及实验原理。

（2）总结实验内容、步骤及实验数据。根据实验数据分别计算试样的磨损量、线磨损量（单位摩擦距离的磨损量）、比磨损量（单位摩擦距离及单位负荷下的磨损量），填入表 22-1 中，并进行数据综合分析。

表 22-1　45 钢、T12 钢磨粒磨损实验数据

材料名称	热处理状态	硬度	质量/mg		磨损量/mg	圆盘转速/r·min^{-1}	试样进给量/mm·r^{-1}	行程起止点/mm		总转数/r	总摩擦距离/m	线磨损量/mg·m^{-1}	载荷/N	比磨损量/mg·mN^{-1}
			起始	结束				r_1	r_2					

（3）结合实验数据分析各种因素对材料耐磨性的影响规律，并总结出提高材料耐磨粒磨损性能的方法。

实验 23　盐雾腐蚀实验

23.1　实验目的

（1）了解盐雾腐蚀的基本原理，以及盐雾腐蚀箱的结构与使用；

（2）掌握盐雾气氛中金属腐蚀的实验方法。

23.2　实验原理

盐雾实验是评价金属材料的耐蚀性以及涂层对基体金属保护程度的加速实验方法。该方法已广泛用于确定各种保护涂层的厚度均匀性和孔隙度，作为评定批量产品或筛选涂层的实验方法。近年来，某些循环酸性盐雾实验已被用来检验铝合金的剥落腐蚀敏感性，盐雾实验也被认为是模拟海洋大气对不同金属（有保护涂层或无保护涂层）最有用的实验室加速腐蚀实验方法。盐雾实验一般包括中性盐雾（NSS）实验、醋酸盐雾（ASS）实验及铜加速的醋酸盐雾（CASS）实验，其中中性盐雾实验是最常用的加速腐蚀实验方法。

（1）中性盐雾实验。本实验适用于很多金属和电镀层的质量控制。有孔隙的镀层可作极短的盐雾喷雾，以免由于腐蚀而产生新的孔隙。根据美国材料试验协会标准，中性盐雾实验条件为：5%（质量分数）NaCl，95%（质量分数）蒸馏水，喷雾溶液的 pH 值为 6.5~7.2，雾化压缩空气的压力 0.7~1.8kg/cm^2，盐雾腐蚀箱的温度（35±1）℃，盐雾的降落速度 1.6~2.5mL/（h·dm^2）。

（2）醋酸盐雾实验。为了缩短实验时间，盐溶液中加入醋酸即为醋酸盐雾实验法，它适用于无机及有机镀层和涂层（黑色及有色金属）。根据美国材料试验协会标准，醋酸盐雾实验条件为：5%（质量分数）NaCl，95%（质量分数）蒸馏水，冰醋酸（CH_3COOH）；喷雾溶液的 pH 值 3.1~3.3(25℃)，装溶液的容器温度为 54~57℃，盐雾腐蚀箱的温度为（35±1）℃，雾化压缩空气压力为 0.7~1.8kg/cm^2，盐雾降落速度为 0.7~2.0mL/（h·dm^2）。

（3）铜加速的醋酸盐雾实验。本实验适用于工作条件相当苛刻的钢铁表面的装饰镀层铜/镍/铬或镍/铬及锌压铸件等快速检验，也适用于阳极氧化的铝。方法的可靠性、重现性和准确性依赖于试样的清洗、试验箱内试样的位置和试验箱内的凝聚速度等。根据金属表面工业国际标准，铜加速的醋酸盐雾实验条件为：5%（质量分数）NaCl，95%（质量分数）蒸馏水，0.246g/L $CuCl_2·H_2O$，冰醋酸（用来调整 pH 值），喷雾液的 pH 值为 3.1~3.3(25℃)，盐雾腐蚀箱的温度为（50±1）℃，雾化压缩空气压力为 0.9~1.8kg/cm^2，盐雾降落速度为 1.0~2.0mL/（h·dm^2）。

盐雾腐蚀的基本原理实际就是失重或增重实验的原理，只不过是做成一定形状和大小的金属试样处于一定浓度的盐雾中，金属试样经过一定的时间加速腐蚀后，取出并测量其质量和尺寸的变化，计算其腐蚀速度。对于失重法，可由式（23-1）计算腐蚀速度：

$$v_{失} = \frac{m_0 - m_1}{St} \tag{23-1}$$

式中　$v_{失}$——金属的腐蚀速度，$g/(m^2 \cdot h)$；

　　　m_0——试件腐蚀前的质量，g；

　　　m_1——腐蚀并经除去腐蚀产物后试件的质量，g；

　　　S——试件暴露在腐蚀环境中的表面积，m^2；

　　　t——试件腐蚀的时间，h。

对于增重法，即当金属表面的腐蚀产物全部附着在上面，或者腐蚀产物脱落下来可以全部被收集起来时，可由式（23-2）计算腐蚀速度：

$$v_{增} = \frac{m_2 - m_0}{St} \tag{23-2}$$

式中　$v_{增}$——金属的腐蚀速度，$g/(m^2 \cdot h)$；

　　　m_2——带有腐蚀产物的试件的质量，g；

　　　其余符号同式（23-1）。

对于密度相同的金属，可以用上述方法比较其耐蚀性能。对于密度不同的金属，尽管单位表面积的质量变化相同，其腐蚀深度却不一样，对此，用腐蚀深度表示腐蚀速度更合适。其换算公式见式（23-3）：

$$v_{深} = 8.76 \times \frac{v_{失}}{\rho} \tag{23-3}$$

式中　$v_{深}$——用腐蚀深度表示的腐蚀速度，mm/h；

　　　ρ——金属的密度，g/cm^3；

　　　$v_{失}$——腐蚀的失重指标，$g/(m^2 \cdot h)$。

试样放入盐雾腐蚀箱时，应使受检验的主要表面与垂直方向成 $15° \sim 30°$ 角。试样间的距离应使盐雾能自由沉降在所有试样上，且试样表面的盐水溶液不应滴在任何其他试样上。试样彼此互不接触，也不得和其他金属或吸水的材料接触。

盐雾腐蚀箱主要由箱体、气源系统、盐水补给系统、喷雾装置及电控系统组成。其盐雾采用气流喷雾方式生成，并由气流导向帽引导盐雾降落方向，从而在工作室内形成一个雾状均匀、降落自然的盐雾试验环境。盐雾腐蚀箱具有连续喷雾和定时间隙喷雾两种工作方式，可供用户选用。试验箱工作室内配有不同直径的试棒及带角度的试验槽，可放置不同形状的试件。

23.3　实验设备及材料

（1）实验设备：盐雾腐蚀箱、金相试样抛光机、分析天平（1/10000）、游标卡尺、电吹风机；

（2）实验材料：铝试片、精密 pH 值试纸、盐酸、氯化钠、氢氧化钾。

23.4　实 验 步 骤

（1）试液的制备：将氯化钠溶于蒸馏水，并调节 pH 值为 6.5~7.2。

（2）实验前，铝试片应彻底洗净并去除污垢，对于不需喷雾的地方应用油漆、石蜡、环氧树脂等加以保护。

（3）在光学分析天平上称重，用游标卡尺测长、宽、高。

（4）合上盐雾腐蚀箱的电源开关，指示面板上电压应为 380V。将电源和报警开关合上，电源和报警指示灯亮，铃响，约 30s 以后，报警指示灯灭、铃停。

（5）合上启动按钮，打开鼓风机开关，鼓风机投入工作，再调温冷却，加热 1、加热 2 开关合上。

（6）工作温度的控制（实验中所需的温度为 35℃）：用磁钢把报警电接点水银温度计（上限）温度控制 35.5℃，把调温冷却（下限、上限）两只电接点水银温度计先调到某一温度值（与控制点温度差 3~5℃）。

（7）试样用尼龙丝挂在玻璃和仪器的试验架上，放入盐雾腐蚀箱内，注意试样不能相互接触，而且不得与其他任何金属或能引起干扰的物质接触，放的位置应使所有试样能喷上盐雾，试样表面的盐水不能滴在其他试样上。

（8）开始喷雾，其方式为连续，时间由试样的腐蚀程度而定，喷雾结束之后，按开始开关的反顺序打开，并取出试样。

（9）观察和记录试样腐蚀情况，清除腐蚀产物，干燥后再称重。

23.5　实验报告要求

（1）将实验数据填入表 23-1 中，并计算出试样在盐雾条件下的腐蚀速率。

表 23-1　实验数据记录表

	长/mm	
试样尺寸	宽/mm	
	高/tmm	
试样的表面积/mm^2		
喷雾液的成分及 pH 值		
试样的质量	腐蚀前 m_0/g	
	除掉腐蚀产物后 m_1/g	
质量损失/g		
腐蚀速度/g·(m^2·h)$^{-1}$		

喷雾方式：　　　　　　　　喷雾温度：　　　　　　　　放入箱的时间：

取出箱的时间：　　　　　　试样材质：　　　　　　　　试样密度：

（2）记录并比较腐蚀前后试样表面状态的变化。

实验 24 极化曲线的测定与分析

24.1 实 验 目 的

（1）掌握恒电位法测定阳极极化曲线的原理和方法；

（2）通过阳极极化曲线的测定，判定实施阳极保护的可能性，初步选取阳极保护的技术参数；

（3）掌握恒电位仪的使用方法。

24.2 实 验 原 理

阳极电位和电流的关系曲线称为阳极极化曲线。为了判定金属在电解质溶液中采取阳极保护的可能性，选择阳极保护的三个主要技术参数——致钝电流密度、维钝电流密度和钝化区的电位范围，需要测定阳极极化曲线。

阳极极化曲线可以用恒电位法和恒电流法测定。图 24-1 是一条较典型的阳极极化曲线。曲线 $ABCDE$ 是恒电位法（维持电位恒定，测相对应的电流值）测得的阳极极化曲线。当电位从 A 逐渐正向移动到 B 点时，电流也随之增加到 B 点，当电位过 B 点以后，电流反而急剧减小，这是因为在金属表面上生成了一层高电阻耐腐蚀的钝化膜，钝化开始发生。人为控制电位的增高，电流逐渐衰减到 C。在 C 点之后，电位若继续增高，由于金属完全进入钝态，电流维持在一个基本不变的很小的值——维钝电流 i_p。当电位增高到 D 点以后，金属进入了过钝化状态，电流又重新增大。从 A 点到 B 点的范围称为活化区，从

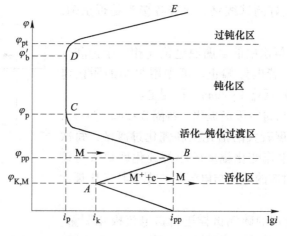

图 24-1 可钝化金属的阳极极化曲线

110

B 点到 C 点的范围称为活化-钝化过渡区，从 C 点到 D 点的范围称为钝化稳定区，过 D 点以后的范围称为过钝化区。对应于 B 点的电流密度称为致钝电流密度 i_{pp}，对应于 C 点或 D 点的电流密度称为维钝电流密度 i_p。

若把金属作为阳极，通过致钝电流使之钝化，再用维钝电流去保护其表面的钝化膜，可使金属的腐蚀速度大大降低，这是阳极保护原理。

用恒电流法测不出上述曲线的 $BCDE$ 段。在金属受到阳极极化时，其表面发生了复杂的变化，电极电位成为电流密度的多值函数，因此当电流增加到 B 点时，电位即由 B 点跃增到 E 点，金属进入了过钝化状态，反映不出金属进入钝化区的情况。由此可见，只有用恒电位法才能测量出完整的阳极极化曲线。

本实验采用恒电位仪逐点恒定阳极电位，同时测定对应的电流值，并在半对数坐标系上绘成 ϕ-lg$i$ 曲线，即为恒电位阳极极化曲线；反之，用恒电位仪中的恒电流挡逐点恒定电流值，测定对应的阳极电位，在半对数坐标系上绘成 ϕ-lg$i$ 曲线，即为恒电流阳极极化曲线。

24.3　实验设备及材料

(1) 实验设备：MCP-1 型恒电位仪，电吹风机，饱和甘汞电极、铂电极，试样固定夹具，电解池（1000mL），铁夹、铁架，游标卡尺，金相试样磨光机；

(2) 实验材料：氨水（20%）800mL，盐桥（如饱和氯化钾溶液）、碳钢试样（如 ϕ8mm×20mm）。

24.4　实　验　步　骤

(1) 将加工到一定粗糙度的试样依次用 400 号、600 号及 800 号水磨砂纸打磨，用游标卡尺测量试样的尺寸，把试样安装在夹具上分别用丙酮和乙醇脱除表面的油脂，用电吹风机吹干待用。

(2) 按图 24-2 接好测试线路，检查各接头是否正确，盐桥是否导通。

(3) 测量碳钢在氨水中的自腐蚀电位（相对于饱和甘汞电极约为 -0.8V）。若电位偏正，可先用很小的阴极电流（50μA/mm^2 左右）活化 1~2min，再测定。

(4) 调节恒电位仪进行阳极极化，每隔 2~3min 调一次电位。在电流变化幅度较大的活化区和钝化过渡区，每次可调 20mV 左右；在电流变化幅度较小的钝化区每次可调 50~100mV。记录下对应的电位与电流值，观察其变化规律及电极表面的现象。

(5) 换一个新处理的碳钢试样进行恒电流极化测量。先测定其自腐蚀电位，再进行阳极极化，调定一个电流值，

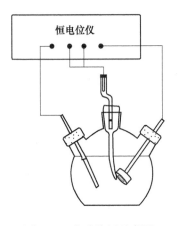

图 24-2　实验装置示意图

读取相应的电位值，调节幅度参照步骤（4）。

24.5　实验报告要求

（1）将实验数据记录在表 24-1 中。

表 24-1　实验数据记录表

时间/min	电极电位 ϕ/mV	电流强度 I/μA	现象

如果由计算机控制恒电位仪，则直接在打印出的阳极极化曲线上确定各电流密度和电极电位值。

（2）在半对数坐标纸上做电位法和恒电流法测出的 ϕ-lg$i$ 关系曲线。

（3）分析阳极极化曲线各线段和各拐点的意义。

（4）初步确定碳钢在氨水中进行阳极保护的三个基本参数。

实验 25　钢铁的氧化发蓝处理

25.1　实　验　目　的

（1）了解钢铁零件碱性发蓝的原理和方法；
（2）了解钢铁零件表面化学除锈和除油过程；
（3）掌握钢铁零件的发蓝处理。

25.2　实　验　原　理

　　将钢铁零件放入含 NaOH 和 $NaNO_2$ 等药品的浓溶液中，在一定温度范围内使零件表面生成一层很薄（0.5~1.5um）的蓝黑色 Fe_3O_4。氧化膜的过程叫做发蓝（发黑）处理。这层 Fe_3O_4。氧化膜组织致密，能牢固与金属表面结合，而且色泽美观，有较大的弹性和润滑性，能防止金属锈蚀。因此，在机械工业中得到广泛应用。

　　氧化膜（磁性 Fe_3O_4）生成的原理，可用反应方式表示如下：

$$3Fe + NaNO_2 + 5NaOH = 3Na_2FeO_2 + NH_3 + H_2O$$
$$6Na_2FeO_2 + NaNO_2 + 5H_2O = 3Na_2Fe_2O_4 + NH_3 + 7NaOH$$
$$Na_2FeO_2 + Na_2Fe_2O_4 + 2H_2O = Fe_3O_4 + 4NaOH$$

25.3　实验设备及材料

　　（1）实验设备：发蓝槽、烧杯（250mL 和 500mL）、电炉和酒精灯；
　　（2）试验材料：NaOH、$NaNO_2$、$K_4[Fe(CN)_6]$、$K_2Cr_2O_7$、HCl、肥皂、机油（10号）、3%$CuSO_4$、0.2%H_2SO_4 和 0.1%的酚酞酒精溶液，待发蓝零件、细铁丝、滤纸。

25.4　实　验　步　骤

　　（1）发蓝液的配制。按每升溶液中加入 NaOH 625g、$NaNO_2$ 225g 和 $K_4[Fe(CN)_6]$ 15g 进行配制。先把 NaOH 放入发蓝槽，加少量冷水，并加热至 100℃ 左右，溶解后再加入适量水；再把 $NaNO_2$ 和 $K_4[Fe(CN)_6]$ 加入，补充水至所需要量，加热至溶液沸腾（约140℃）待用。新配制的溶液呈乳白色，使用后颜色会加深。

　　（2）发蓝前零件表面的预处理。发蓝零件表面必须光洁，不得有油脂、金属氧化物或其他污物，以免在发蓝中生成不均匀、不连续的氧化膜，甚至生不成氧化膜。因此，发蓝零件表面必须彻底清理，清理包括机械清理、除油和酸洗。

1）机械清理。零件表面锈迹多时，可用细砂纸仔细擦拭，直至表面光洁。

2）除油。把工件放入除油液中20min左右，然后取出用流动清水冲洗，除净残碱液。

3）酸洗。将零件放入15%～30%的HCl溶液里（含0.5%～1%甲醛缓蚀剂），浸泡5～10min，取出在流动清水中洗净残酸。

（3）氧化发蓝处理。把预处理好的零件立即放进140℃的发蓝液里，放入后会发现反应缓慢发生，随着温度的升高反应便剧烈进行。当温度升至145℃以上时，零件表面就形成了黑色氧化膜。为了增加膜的厚度，氧化时间应不少于30min。在氧化过程中要经常活动零件，以使氧化膜均匀。如果20min后，零件仍不变色或颜色呈不连续状，说明油污未除净，需要取出重新预处理，或调整发蓝液成分。

（4）发蓝后的处理工序，见表25-1。

1）冲洗。零件从发蓝液中取出后，应立即在流动清水里冲洗，把残留的碱性发蓝液冲净。是否冲净可用质量分数为0.1%的酚酞酒精溶液滤纸，贴在零件表面，如不显红色，说明残液已经冲净；若出现红色，需要重新冲洗，必要时需用热水冲洗。

2）皂化或钝化。把冲净的零件放在浓度为20%～30%的肥皂液里进行皂化处理，提高氧化膜的耐蚀性。皂化温度控制在80～90℃，时间2～4min，或者用浓度为3%～5% $K_2Cr_2O_7$，溶液进行钝化处理，温度在90～95℃，时间约10min。零件皂化或钝化处理后，需立即在沸水中冲洗去掉残液，然后晾干或烘干。

3）浸油。为了提高膜的耐蚀性，填充孔隙，增强美观，干燥后的零件应再浸入热油中以形成一种薄油膜。为了提高浸油效果，通常在油中加入质量分数为5%的凡士林。浸油温度以油沸为好，时间3～5min。

表 25-1　零件发蓝处理工序过程表

工序	溶液配比/$g \cdot L^{-1}$	处理温度/℃	处理时间/min
化学除油	NaOH 50～60 $NaCO_3$ 70～80 Na_2SiO_3 10～15	105～110	20～30
清洗	流动水	室温或50	1～2
酸洗	HCl 15～30 HCHO 0.5～1.5	室温	1～2
清洗	流动水	室温	1～2
氧化发蓝	NaOH 625 $NaNO_2$ 225 $K_4[Fe(CN)_6]$ 15	140～150	30～60
清洗	流动水	室温	1～2
清洗	热　水	90～100	1～2
皂化、钝化	皂液 20%～30% $K_2Cr_2O_7$ 3%～5%	80～90 90～95	2～3 5～10
清洗	热水	90～100	1～2
烘干	日光或烘箱	50	—
浸油	10 号机油	沸油	2～3

（5）氧化膜的质量检查。氧化膜的质量检查包括氧化膜外观色泽、致密性、耐蚀性、耐磨性，以及清洗质量和工作尺寸。

1）氧化膜的色泽。根据零件材料成分不同，可以是深蓝色、蓝黑色，若是铸铁零件和高合金零件可呈现棕黑色。

2）氧化膜致密性检查。把未浸油的零件浸入 3%$CuSO_4$ 的中性溶液中 1min，以零件表面上不出现铜色斑点为合格（零件棱边除外）。

3）氧化膜耐蚀性检查。把未皂化浸油的零件浸入质量分数为 0.2% 的 H_2SO_4 溶液中 2min 后，用水清洗，零件表面应保持氧化色不变为合格。

25.5　实验报告要求

（1）写出实验目的及内容；

（2）简述钢铁零件高温碱性发蓝的机理和工艺流程；

（3）检测发蓝膜的外观及耐蚀性，并分析影响发蓝膜外观、耐蚀性的因素及工艺参数。

第4篇

材料现代研究方法实验

实验 26　X 射线衍射技术及物相定性分析

26.1　实 验 目 的

（1）熟悉 X 射线衍射仪的构造，工作原理和操作方法；
（2）掌握 X 射线衍射物相定性分析的原理和实验方法；
（3）熟悉 PDF 卡片的查找方法和物相检索方法。

26.2　实 验 原 理

26.2.1　X 射线衍射仪的工作原理

衍射仪是进行 X 射线分析的重要设备，主要由 X 射线发生器、测角仪、X 射线强度测量系统以及衍射仪控制与衍射数据采集、处理系统四大部分组成。图 26-1 给出了 X 射线粉末衍射仪示意图。

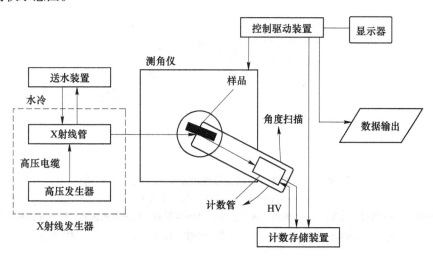

图 26-1　X 射线衍射分析仪构成的基本框图

X 射线发生器主要由高压发生器和 X 射线管组成，它是产生 X 射线的装置。由 X 射线管发射出的 X 射线包括连续 X 射线光谱和特征 X 射线光谱。连续 X 射线光谱主要用于判断晶体的对称性和进行晶体定向的劳埃法，特征 X 射线用于进行晶体结构研究的旋转单晶法和进行物相鉴定的粉末法。测角仪是衍射仪的重要部分，其光路图如图 26-2 所示。X 射线源焦点与计数管窗口分别位于测角仪圆周上，样品位于测角仪圆的正中心。在入射光路上有固定式梭拉狭缝和可调式发散狭缝，在反射光路上也有固定式梭拉狭缝、可调式防散射狭缝与接收狭缝，有的衍射仪还在计数管前装有单色器。当给 X 光管加上高压，产生的 X 射线经发射狭缝射到样品上时，晶体中与样品表面平行的晶面，在符合布拉格条件时即可产生衍射而被计数管接收。当计数管在测角仪圆所在平面内扫射时，样品与计数管以 1∶2 速度联动。因此，在某些角位置能满足布拉格条件的晶面所产生的衍射线将被计数管依次记录并转换成电脉冲信号，经放大处理后通过记录仪扫描绘成衍射图，如图 26-3 所示。

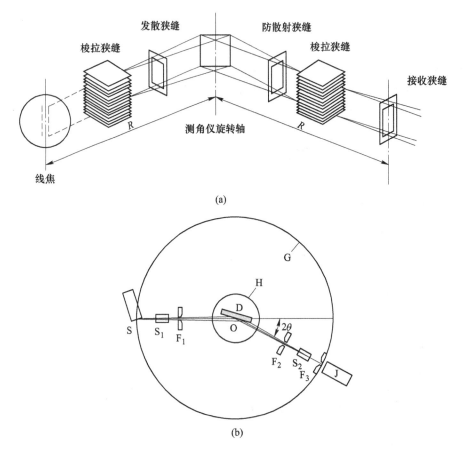

图 26-2 X 射线衍射仪测角仪的衍射几何光路及构造

（a）轴线平行图；（b）轴线垂直图

D—试样；J—辐射探测器；G—大转盘（测角仪圆）；H—样品台；F_1—发散狭缝；F_2—防散射狭缝；

F_3—接收狭缝；S—X 射线源；S_1—入射光路梭拉狭缝；S_2—反射光路梭拉狭缝

26.2.2 物相定性分析原理

所谓物相定性分析就是根据 X 射线衍射图谱，判别分析样品中存在哪些物相的分析过程。

X 射线照射到结晶物质上，产生衍射的充分必要条件为：

$$\begin{cases} 2d\sin\theta = n\lambda \\ F_{hkl} \neq 0 \end{cases}$$

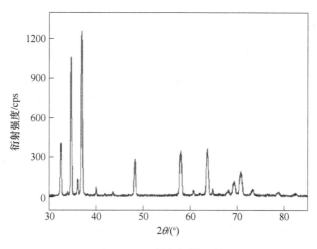

图 26-3　X射线衍射图谱

第一个公式确定了衍射方向，在一定的实验条件下衍射方向取决于晶面间距 d，而 d 是晶胞参数的函数 $d_{hkl} = d\ (a，b，c，\alpha，\beta，\gamma)$；第二个公式示出了衍射强度与结构因子的关系，$I \propto |F_{hkl}|^2$，$F_{hkl} \neq 0$，$I \neq 0$。

F_{hkl} 的数值取决于物质的结构，即晶胞中原子的种类、数目和在空间排列方式，因此决定 X 射线衍射谱中衍射方向和衍射强度的一套 d 和 I 的数值是与一定确定结构相对应的。这就是说，任何一种物相都有一套 d-I 特征值，两种不同物相的结构稍有差异其衍射谱中的 d 和 I 将有区别，这就是应用 X 射线衍射分析和鉴定物相的依据。所以材料的物相定性分析，就是要确定材料含有什么物相。由衍射原理可知，物质的 X 射线衍射花样，与物质的内部晶体结构有关。每种结晶物质都有特定的结构参数（包括晶体结构类型，晶胞大小，晶胞中原子、离子或分子的位置和数目等），因此，没有两种结晶物质会给出完全相同的衍射花样。根据某一待测试样的衍射图谱，不仅可以知道物质的化学组成，还能知道它们的存在状态。当试样为多相混合物时，其衍射花样为各组成相衍射花样的叠加。显然，如果事前对每种单相物质都测定一组面间距 d 值和相应的衍射强度（相对强度），并制成卡片，那么在测定多相混合物的物相时，只需将对待测试样测定的一组 d 和相应的相对强度，与某卡片的一组 d 值和相对强度进行比较，一旦其中的部分线条的 d 和 I/I_1（相对强度）与卡片记载的数据完全吻合，则多相混合物就含有卡片记载的物相。同理，可以对多相混合物的其余相逐一进行鉴定。

一种物相衍射谱中的 d-I/I_1（I_1 是衍射图谱中最强峰的强度值）的数值取决于该物质的组成与结构，其中 I/I_1 称为相对强度。当两个试样的 d-I/I_1 数值都对应相等时，这两个试样就组成与结构相同的同一种物相。因此，当某一未知物相的试样其衍射谱上的数值与某一已知物相 M 的数据相合时，即可认为未知物是 M 相。由此看来，物相分析就是将未知物的衍射实验所得的结果，考虑各种偶然因素的影响，经过去伪存真获得一套可靠的 d-I/I_1 数据后与已知物相的 d-I/I_1 相对照，再依照晶体和衍射的理论对所属物相进行肯定和否定。目前，已经测量大约 140000 种物相的 d-I/I_1 数据，每种已知物相的 d-I/I_1 数据制作成一张 PDF 卡片，若未知物相在已知物相的范围之内，物相分析工作即是实际可行的。

26.2.3 PDF 卡片检索方法

PDF 卡片检索的发展已经历了三代，第一代是通过检索工具书来检索纸质卡片，现在已经被淘汰。第二代是通过一定的检索程序，按给定的检索窗口条件对光盘卡片进行检索（如 PCPDFWin 程序）。现代 X 射线衍射系统都配备有自动检索系统，通过图形对比方式检索多物相样品中的物相（如 MDI Jade，EVA 软件等）。

26.3 实验设备及材料

（1）实验设备：X 射线衍射仪；

（2）实验材料：实验样品、JCPDS 数据库、MDI Jade 软件。

26.4 实验方法及步骤

测量样品衍射图谱包括样品制备、实验参数选择和样品测试。

26.4.1 样品制备

衍射仪采用平板状样品，样品板面为一表面平整光滑的矩形铝板或玻璃板，其上开有一矩形窗孔或不穿透的凹槽。粉末样品就是放入样品板的凹槽内进行测定的，具体的制样步骤为：

（1）将被测试样放在玛瑙研钵中研磨成 $10\mu m$ 左右的细粉；

（2）将适量研磨好的细粉填入凹槽、压实，并用平整光滑的玻璃板将其压紧；

（3）将凹槽外或高出样品板面的多余粉末刮去，重新将样品压平，使样品表面与样品板面一样平齐光滑。

26.4.2 实验参数的选择

（1）狭缝：狭缝的大小对衍射强度和分辨率都有很大影响。大的狭缝可以得到较大的衍射强度，但降低了分辨率；小的狭缝提高分辨率，但损失了衍射强度。一般如需要提高强度适宜选大些的狭缝，需要高分辨率时宜选小些的狭缝，尤其是接收狭缝对分辨率影响更大，一般宽度为 $0.15\sim0.3mm$。防散射狭缝一般选用与发散狭缝相同的光阑，每台衍射仪都配有各种狭缝以供选用。

（2）扫描角度范围：不同样品衍射峰的角度范围不同，已知样品根据其衍射峰选择合适的角度范围，未知样品一般选择 $5°\sim70°$。

（3）扫描速度：扫描速度是指计数管在测角仪圆上连续均匀转动的角速度，以（°/min）表示。一般物相分析时，常采用 $2°\sim4°/min$。慢速扫描可使计数器在某衍射角度范围内停留的时间更长，接受的脉冲数目更多，使衍射数据更加可靠，但需要花费较长的时间。对于精细的测量应当采用慢扫描，物相的预检或常规定性分析可采用快速扫描，在实际应用中应根据测量需要选用不同的扫描速度。

26.4.3　样品测试

（1）接通总电源，开启循环水冷机，开启衍射仪总电源，打开计算机。

（2）缓慢升高管电压、管电流至需要值；将制备好的试样插入衍射仪样品台；打开计算机 X 射线衍射仪应用软件，设置合适的衍射条件及参数，开始样品测试，并自动保存测量数据。

（3）测量完毕，缓慢降低管电流、管电压至最小值，关闭 X 光管电源；取出试样；30min 后关闭循环水冷机及总电源。

26.4.4　数据分析

（1）打开物相分析软件 MDI Jade；

（2）读取测试样品的数据文件；

（3）对原始数据进行寻峰标记、平滑和扣背景处理；

（4）选定物相检索的条件，进行物相鉴定；

（5）保存并打印物相鉴定结果。

26.5　物相分析应注意的问题

26.5.1　制样时应注意的问题

（1）样品粉末的粗细：样品粉末的粗细对衍射峰的强度有很大的影响。要使样品晶粒的平均粒径在 5μm，以保证有足够的晶粒参与衍射，并避免晶粒粗大、晶体的结晶完整，亚结构大或镶嵌块相互平行，使其反射能力降低，造成衰减作用，从而影响衍射强度。

（2）样品的择优取向：具有片状或柱状完全解理的样品物质，其粉末一般都呈细片状。在制备样品过程中易于形成择优取向，形成定向排列，从而使各衍射峰之间的相对强度发生明显变化，有的甚至是成倍地变化。对于此类物质，要想完全避免样品中粉末的择优取向，往往是难以做到的。不过，对粉末进行长时间（例如 0.5h）的研磨，使之尽量细碎，制样时尽量轻压，这些措施都有助于减少择优取向。

26.5.2　物相衍射图谱分析鉴定时应注意的问题

实验所得出的衍射数据，往往与标准卡片或表上所列的衍射数据并不完全一致，通常只能是基本一致或相对地符合。尽管两者所研究的样品确实是同一种物相，也会是这样。因而，在数据对比时注意下列几点，可以有助于做出正确的判断。

（1）d 值比 I/I_1 值重要。实验数据与标准数据两者的 d 值必须很接近，一般要求其相对误差在 ±1% 以内，I/I_1 值允许有较大的误差。这是因为晶面间距 d 值是由晶体结构决定的，它是不会随实验条件的不同而改变的，只是在实验和测量过程中可能产生微小的误差。然而，I/I_1 值却会随实验条件（如靶的不同、制样方法的不同等）不同产生较大的变化。

（2）低角度数据比高角度数据重要。对于不同物相，低角度 d 值相同的机会很少，即出现重叠线的机会很少；但对于高角度区的线（d 值很小），不同物相之间相互近似的机会就增多。此外，当使用波长较长的 X 射线时，就会使高角度线消失，但低角度线则总是存在的。所以，在对比衍射数据时，对于无机材料，应较多地重视低角度的线，特别是 $2\theta = 20° \sim 60°$ 的线。

（3）强线比弱线重要。强线代表了主成分的衍射，较易被测定，且出现的情况比较稳定；弱线则可能由于其物相在试样中的含量低而缺失或难以分辨。所以，在核对衍射数据时应对强线给予足够的重视，特别是低角度区的强线。

当混合物中某相的含量很少时，或某相各晶面反射能力很弱时，它的衍射线条可能难以显现。因此，X 射线衍射分析只能肯定某相的存在，而不能确定某相的不存在。

（4）注意鉴定结果的合理性。在物相鉴定前，应了解试样的来源、产状、处理过程、做过的其他各种分析测试结果、可能存在的物相及其物理性质，这有利于快速检索物相，也有利于对物相准确的鉴定。

任何方法都有局限性，有时 X 射线衍射分析往往要与其他方法配合才能得出正确结论。

26.6　实验报告要求

（1）简要说明 X 射线衍射仪的结构和工作原理；

（2）物相定性分析的原理是什么；

（3）试述 X 射线衍射物相分析步骤及其鉴定时应注意的问题。

实验 27 扫描电子显微镜的结构、工作原理及使用方法

27.1 实 验 目 的

（1）了解扫描电子显微镜的基本结构和工作原理；

（2）了解扫描电子显微镜的主要功能和用途；

（3）熟悉扫描电子显微镜使用方法及操作步骤。

27.2 实 验 原 理

扫描电子显微镜具有分辨率高、焦深大、放大倍数高、范围广、连续可调等特点，因此自投产以来得到了极为迅速的发展。无论在冶金、化工，还是在生物、医学、地理、农业等各行业均有广泛的用途，在材料科学研究领域，扫描电镜已经被普遍应用于产品失效分析、金相组织分析、涂层组织和形貌分析，以及磨损面、腐蚀表面、氧化膜、沉积膜、多孔薄膜的表面形貌分析。

扫描电镜的基本结构可分为电子光学系统、信号检测放大系统、图像显示及记录系统、真空系统和电源及控制系统五大部分。

扫描电子显微镜的工作原理：由电子枪发射并经过聚焦的高能电子束在样品表面逐点扫描，激发样品产生各种物理信号，包括二次电子、背散射电子、透射电子、俄歇电子、X射线等。这些信号经检测器接收、放大，再转换成能在荧光屏上能够显示的图像信号或数字扫描图像信号，从而显示样品的形貌和成分。

扫描电子显微镜具有三大功能：

（1）表面形貌分析。扫描电镜下样品的表面形貌是通过其二次电子信号成像衬度而显示的。在微观状态下，样品表面都是凹凸不平的。所以，样品上各点表面的法线与入射电子束间夹角也是不同的，其夹角越大，二次电子的产额越多，信号强度越大，图像亮度越强；反之，二次电子的产额越少，信号强度越小，图像亮度越弱。因此，根据图像衬度变化，便可以显示样品表面形貌。

（2）元素种类及分布定性分析。样品表面元素种类及分布可通过接收样品表面背散射电子信号成像来实现。其原理是：样品表层某点元素原子序数越大，所产生的背散射电子信号的强度越大，背散射电子像中相应的区域亮度较强；而样品表层某点元素原子序数较小，则其图像亮度较暗。因此，根据背散射成像中各区域亮度的强弱，便可定性地判定其元素的原子序数的相对大小，或各成分含量的相对差异。

（3）元素成分定量分析的原理：元素不同，所产生的 X 射线能量强度也不相同。所

以，通过 X 射线探测器检测每一点的 X 射线能量强度，则可确定其元素的化学成分和含量。

27.3　实验设备及材料

（1）实验设备：扫描电子显微镜（GeminiSEM300）；

（2）实验材料：22Cr 双相不锈钢，金属钛粉末。

27.4　实　验　步　骤

27.4.1　样品制备

（1）用无水酒精在超声波清洗器中清洗样品表面附着的灰尘和油污。对表面锈蚀或严重氧化的样品，采用化学清洗或电解的方法处理。

（2）对于不导电的样品，观察前需在表面喷镀一层 5~10nm 的导电金属。

（3）需要观察原子序数衬度的样品，实验前样品表面必须抛光，因为信号探测器只能检测到直接射向探头的背散射电子。

（4）观察前需采用酒精或水做超声分散，再将液体样品滴于金属载物台上，必须使用干燥箱进行干燥处理。

27.4.2　放置样品

点击放气（vent）按钮，确认"Z move on vent"选上，这样放气时样品台会自动下降。等待约 2min，气放好了之后打开样品仓门，确认样品台已经降下来，将样品台放入样品仓中。点击"Pump"，等待真空就绪（留意 Vacuum 面板上真空状态）。等待过程中，可先手动上升样品台到眼睛可以观察到的位置。

27.4.3　拍照

（1）定位样品。打开 TV 成像模式，移动样品台，升至工作距离在 5~10mm 处，平移对准样品。可打开"stage navigation"帮助定位。

（2）开高压。根据检测要求和样品特性，设定加速电压。一般来说导电性好的样品使用较高的电压拍摄；导电性差的样品，需要用低电压拍摄以防止放电的发生，而且低电压反映的是样品表面的信息，看起来表面形貌会更加清晰。但如果需要采集背散射电子相，一般需要使用 20kV 的加速电压。

（3）观察样品的定位观察区。双击工具栏上"signal A"，选择"Inlens"或"SE2"探头；缩小放大倍数至最小；聚焦并调整亮度和对比度（"Tab"键可设置粗调"Coarse"或细调"Fine"）；读取"WD"数值；必要时升降样品台，"WD"常用 5~10mm 之间；移动样品台"X""Y"，或使用"Centre Point"（Ctrl+Tab 键）定位；聚焦、放大至约 5k×，再聚焦、定位。

（4）消像散。选区扫描，依次调"Stigmation X、Y"和聚焦，直到图像最清晰。

（5）必要时，调光阑对中。Aperture 面板上，选上"Wobble"，调"Aperture X 和 Y"，消除图像水平和垂直方向上的晃动。完成后取消"Wobble"。

进一步放大至约 50k×，并进一步聚焦和消像散；全屏扫描，调亮度和对比度；用"Ctrl+Tab"定位成像位置；双击"Mag"设置所需放大倍数；Scanning 面板选择消噪模式（一般用"Line Avg"）；选择扫描速度和"N"值（使"cycle time"在 40s 左右为宜），确认"Freeze on=end frame"，点击"Freeze"，等待扫描完成。

（6）存储电子图像。点击鼠标中键（滚轮）或右键，弹出快捷菜单→"Send to"→"Tiff file"；设置文件夹，取文件名，设置文件名后缀，点"Save"；同一样品图片再次存储，直接左键点击工具栏上"save"按钮。存储结束后，点击"unfreeze"，恢复快速扫描。

27.5 实验报告要求

（1）拍摄所观察样品的二次电子图像，简述其主要形貌特征，测量出 22Cr 晶粒尺寸范围和粉末的粒径范围。

（2）拍摄所观察的双相不锈钢样品平整表面的背散射图像，分析其析出相和基体相特征。

27.6 思　考　题

（1）扫描电镜使用时为何要抽真空？

（2）对于非金属样品，用扫描电镜观察前为何需在样品表面喷镀一层金属？

实验 28　能谱仪的结构及使用方法

28.1　实　验　目　的

（1）了解能谱仪的结构及工作原理；
（2）结合实例，熟悉能谱分析方法及应用；
（3）掌握正确选用微区成分分析方法及其分析参数的选择。

28.2　实　验　原　理

能谱仪全称为 X 射线能量色散谱仪，是分析电子显微学中广泛使用的最基本、可靠且重要的成分分析仪器，通常称为 X 射线能谱分析法，简称 EDS 或 EDX 方法。

28.2.1　特征 X 射线的产生

特征 X 射线的产生是入射电子使原子内层电子激发而发生的现象，即内壳层电子被轰击后跳到其费米能高的能级上，电子轨道内出现的空位被外壳层轨道的电子填入时，作为多余的能量放出的就是特征 X 射线。特征 X 射线是元素固有的能量，将它们展开成能谱后，根据它的能量值就可以确定元素的种类，而且根据能谱的强度分析就可以确定其含量。

从空位在内壳层形成的激发状态变到基态的过程中，除产生 X 射线外，还放出二次电子。一般来说，随着原子序数增加，X 射线产生的概率（荧光产额）增大，而与它相伴的二次电子的产生概率却减小。因此，在分析试样中的微量杂质元素时，EDS 对重元素的分析特别有效。

28.2.2　X 射线探测器的种类和原理

对于试样产生的特征 X 射线，有两种展成谱的方法：X 射线能量色散谱方法（energy dispersive X-ray spectroscopy，EDS）和 X 射线波长色散谱方法（wave length dispersive X-ray spectroscopy，WDS），在分析电子显微镜中均采用探测率高的 EDS。

图 28-1 为 EDS 探测器系统的框图。从试样产生的 X 射线通过测角台进入到探测器中，EDS 中使用的 X 射线探测器，一般都是用高纯单晶硅中掺杂有微量锂的半导体固体探测器（solidstate detector，SSD）。SSD 是一种固体电离室，当 X 射线入射时，室中就产生与这个 X 射线能量成比例的电荷。这个电荷在场效应管（field effect transistor，TEF）中聚集，产生一个波峰值比例于电荷量的脉冲电压。用多道脉冲高度分析器（multichannel pulse height analyzer）来测量它的波峰值和脉冲数。这样，就可以得到横轴为 X 射线能量，纵轴

为 X 射线光子数的谱图。为了使硅中的锂稳定和降低 FET 的热噪声，平时和测量时都必须用液氮冷却 EDS 探测器。保护探测器的探测窗口有两类，其特性和使用方法各不相同。

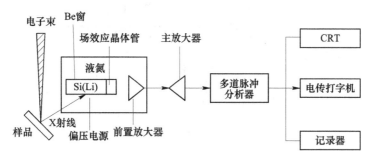

图 28-1　EDS 探测器系统框图

（1）铍窗口型（beryllium window type）。用厚度为 8 ~ 10μm 的铍薄膜制作窗口来保持探测器的真空，这种探测器使用起来比较容易。但是，由于铍薄膜对低能 X 射线的吸收，所以不能分析比 Na($Z=11$）轻的元素。

（2）超薄窗口型（Ultra Thin Window type，UTW type）。保护膜是沉积了铝、厚度 0.3 ~ 0.5μm 的有机膜，它吸收 X 射线少，可以测量 C($Z=6$）以上比较轻的元素。但是，采用这种窗口时，探测器的真空保持不太好，所以使用时要多加小心。目前，对轻元素探测灵敏度很高的这种类型的探测器已被广泛使用。

此外，还有去掉探测器窗口的无窗口型（windowless type）探测器，它可以探测 B($Z=5$）以上的元素。但是，为了避免背散射电子对探测器的损伤，通常将这种无窗口型的探测器用于扫描电子显微镜等低速电压的情况。

28.2.3　EDS 的分析技术

（1）X 射线的测量。连续 X 射线和从试样架产生的散射 X 射线都进入 X 射线探测器，形成谱的背底。为了减少从试样架散射的 X 射线，可以采用铍制的试样架。对于支持试样的栅网，也采用与分析对象的元素不同的材料制作。当用强电子束照射试样产生大量的 X 射线时，系统的漏计数的百分比就称为死时间 T_{dead}，它可以用输入侧的计数率 R_{IN} 和输出侧的计数率 R_{OUT} 来表示：

$$T_{dead} = (1 - R_{OUT}/R_{IN}) \times 100\%$$

（2）空间分辨率。图 28-2 为入射电子束在不同试样内的扩展情况示意图。对于分析电子显微镜使用的薄膜试样，入射电子几乎都会透过。因此，入射电子在试样内的扩展不像图 28-2（a）中扩展得那样大，分析的空间分辨率比较高。入射电子束在试样中的扩展对空间分辨率是有影响的，加速电压、入射电子束直径、试样厚度、试样的密度等都是决定空间分辨率的因素。

（3）峰/背比（P/B）。特征 X 射线的强度与背底强度之比称为峰背比（P/B），在进行高精度分析时，希望峰背比高。如果加速电压降低，尽管产生的特征 X 射线强度稍有下降，但是，来自试样的背底 X 射线却大大减小，结果峰背比提高了。

（4）定性分析。谱图中的谱峰代表的是样品中存在的元素，定性分析是分析未知样品的第一步，即鉴别所含的元素。如果不能正确地鉴别样品的元素组成，最后定量分析的精

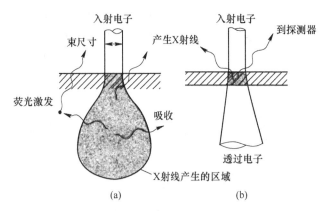

图 28-2　入射电子束在不同试样内的扩散
(a) 块状试样；(b) 薄膜试样

度就毫无意义。EDS 通常能够可靠地鉴别出一个样品的主要成分，但对于确定次要或微量元素，只有认真地处理谱线干扰、失真和每种元素的谱线系等问题，才能做到准确无误。为保证定性分析的可靠性，采谱时必须注意两条：第一，采谱前要对能谱仪的能量刻度进行校正，使仪器的零点和增益值落在正确值范围内；第二，选择合适的工作条件，以获得一个能量分辨率好、被分析元素的谱峰有足够计数率、无杂峰和杂散辐射干扰或干扰最小的 EDS 谱。

　　通常能谱仪使用的操作软件都有自动定位分析的功能，直接选择所要分析的点、线或者面，即可实现自动定性分析，在谱的每个峰的位置显示出相应的元素符号。它的优点是识别速度快，但由于能谱谱峰重叠干扰严重，自动识别极易出错，比如把元素的 L 系误识别为另一元素的 K 系。为此，分析者在仪器自动定性分析过程结束后，还可以对识别错了的元素用手动定性分析进行修正。虽然有自动定性分析程序，但对于分析者来说，具有一定的定性分析技术是必不可少的。

　　(5) 定量分析。定量分析是通过 X 射线强度来获取组成样品材料的各种元素的浓度。根据实际情况，人们提出了测量未知样品和标样的强度比方法，再把强度比经过定量修正换算成浓度比，最广泛使用的一种定量修正技术是 ZAF 修正。实验所用的软件中提供了两种定量分析方法：无标样定量分析法和有标样定量分析法。

　　(6) 元素的面分布分析方法。电子束只打到试样上一点，得到这一点的 X 射线谱的分析方法是点分析方法。与此不同的是，用扫描像观察装置，使电子束在试样上做二维扫描，测量特征 X 射线的强度，使与这个强度对应的亮度变化与扫描信号同步在阴极射线管 CFT 上显示出来，就得到特征 X 射线强度的二维分布的像。这种观察方法称为元素的面分布分析方法，它是一种测量元素二维分布非常方便的方法。

28.3　实验设备及材料

　　(1) 实验设备：扫描电子显微镜及能谱仪；
　　(2) 实验材料：待分析实验样品。

28.4 实验步骤

28.4.1 样品的前期处理和扫描电子显微镜的调整

为了得到较精确的定性、定量分析结果，应该对样品进行适当的处理，尽量使样品表面平整、光洁和导电。样品表面不要有油污或其他腐蚀性物质，以免真空下这些物质挥发到电镜和探头上，损坏仪器。

调整扫描电子显微镜的状态，使 X 射线 EDS 探测器以最佳的立体角接收样品表面激发出的特征 X 射线。首先，调整加速电压，一般可以直接将电压设置成 20kV；接下来调整工作距离（WD），一般将样品工作距离调整到 8.5mm 左右；选择物镜光阑为 60μm，并使输出计数率达到 5000cps 左右。

定性、定量分析结果是放在电镜样品室里样品表面区域的元素原子和质量百分比。放大倍数越大，作用样品区域越小。要正确选择作用区域，才可能得到正确的结果。

28.4.2 快捷启动 AZTec 软件

启动 AZTec 软件，操作界面如图 28-3 所示，具体步骤如下：

（1）在左上角窗口上选择"EDS-SEM"，程序就会自动出现能谱的导航器。

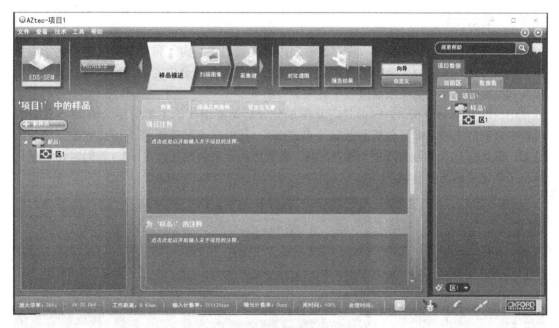

图 28-3 AZTec 软件操作界面

（2）根据实际的测试需求，在图 28-4 的"Point&ID"选项卡中选择"Point&ID"（点扫描）、线扫描和面分布图。

（3）在样品描述步骤中，摘要选项卡中可以添加项目、样品和区域相关的注释；在预定义元素选项卡中允许指定样品已知存在的元素，以便专门查看这些元素的谱峰标签或 X

图 28-4　Point&ID 选项卡

射线分布图。也可以单击"全部清除"，删除所有预定义元素，并勾选"采集过程中执行 AutoID"。

（4）扫描图像：点击"开始"按钮，能谱软件自动扫描出电镜端的二次电子像，此时需要注意软件下端的输出计数率值。一般来说，输出计数率应该达到 5000cps，这样才能保证后期采集到的谱峰具有一定的强度和准确性。

（5）采集谱图：根据"Point&ID"选项的选择点扫描、线扫描或面分布图在二次电子像上打点、画线或者框一个面，当采集到的谱图稳定之后，点击"停止"按钮完成扫描。

（6）生成谱图。

28.4.3　能谱分析

能谱仪与扫描电镜配合可以在观察材料内部微观组织结构的同时对微区进行化学成分的分析，可以用来研究合金中元素的成分和偏析、金属和合金中的夹杂物、热处理过程中相变和扩散的规律、材料断裂过程中的失效分析等。

（1）化学成分分析。对样品进行化学成分分析是能谱仪的主要应用，图 28-5 就是在电镜中看到的形貌及需要分析的区域（点或面），其中的谱图就是 EDS 谱线收集完毕后的结果，纵坐标是 X 射线光子的计数率 cps，横坐标是元素的能量值（keV），同时还定量计算出了各元素的质量分数。

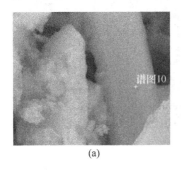
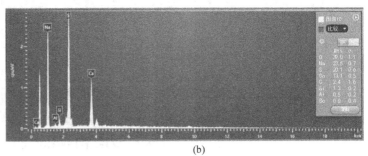

(a)   (b)

图 28-5　EDS 成分分析

（2）元素的线分析。电子束沿一条分析线进行扫描时，能获得元素含量变化的线分布曲线。将该结果和试样形貌像对照分析，能直观地获得元素在不同相或区域内的分布。图 28-6 是线扫描定量分析线的结果，可以得到每种元素的相对含量值。

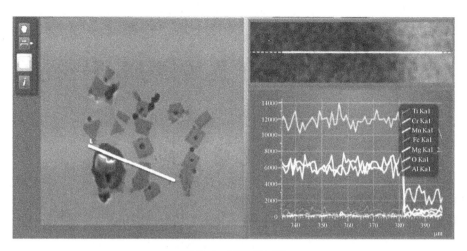

图 28-6　EDS 线扫描

（3）元素的面分布。元素的面分布主要用来观察元素的偏析以及聚集状态的。图 28-7 是 Al/Mg 涂层断裂界面的面扫描图，从图中可以清晰地看出铝和镁的分布状态。

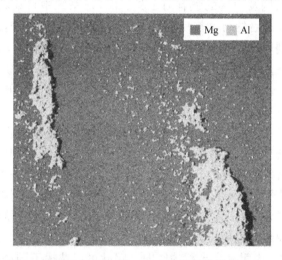

图 28-7　面扫描 Al/Mg 涂层断裂界面

28.5　实验报告要求

（1）简要说明能谱仪的工作原理（X 射线的接收、转换及显示过程）；

（2）结合自己的课题（或实验），简述能谱仪在材料科学中的应用；

（3）针对实际分析的样品，说明选择能谱分析参数的依据。

实验 29　扫描电子显微镜 EBSD 分析

29.1　实　验　目　的

（1）了解电子背散射衍射的原理及仪器操作过程；

（2）通过对实际样品组织分析，掌握电子背散射衍射的应用。

29.2　实　验　原　理

扫描电子显微镜（EBSD）中电子背散射衍射技术已广泛地成为金属学家、陶瓷学家和地质学家分析显微结构及织构的强有力工具。EBSD 系统中自动花样分析技术的发展，加上显微镜电子束和样品台的自动控制使得试样表面的线或面扫描能够迅速自动地完成。从采集到的数据可绘制取向成像图 OIM、极图和反极图，还可计算取向（差）分布函数，这样在很短的时间内就能获得关于样品的大量晶体学信息。例如：织构和取向差分析，晶粒尺寸及形状分布分析，晶界、亚晶界及孪晶界性质分析，应变和再结晶的分析，相鉴定及相比计算等。

（1）织构及取向差分析。EBSD 不仅能测量各取向在样品中所占的比例，还能知道这些取向在显微组织中的分布，这是织构分析的全新方法。既然 EBSD 可以进行显微织构表征，那么也就可以进行织构梯度的分析，在进行多个区域的显微织构分析后也就获得了宏观织构。EBSD 可应用于取向关系测量的范例有：推断第二相和基体间的取向关系、穿晶裂纹的结晶学分析、单晶体的完整性、断口面的结晶学、高温超导体沿结晶方向的氧扩散、形变研究、薄膜材料晶粒生长方向测量等。

EBSD 测量的是样品中每一个晶粒的取向，因此可以获得不同晶粒或不同区域的取向差，从而可以研究晶界或相界等界面。

（2）晶粒尺寸及晶界的分析。传统的晶粒尺寸测量依赖于显微组织图像中晶界的观察，因为其复杂性，多孪晶显微组织的晶粒尺寸测量变得十分困难。由于晶粒主要被定义为均匀结晶学取向的单元，EBSD 是作为晶粒尺寸测量的理想工具。最简单的方法是进行横穿试样的线扫描，同时观察花样的变化。

在得到 EBSD 整个扫描区域相邻两点之间的取向差信息后，可进行研究的界面有晶界、亚晶界、相界、孪晶界、特殊界面（重合位置点阵 CSL 等）。

（3）相鉴定及相比计算。EBSD 的特点使其具备进行相鉴定的能力，虽然目前这一应用还不如取向关系测量那样广泛，但是应用于相鉴定的技术潜力很大，特别是与化学分析相结合时更是如此。目前，已经采用 EBSD 鉴定了某些矿物和一些复杂相。EBSD 最有用的就是区分化学成分相似的相，如在扫描电子显微镜中很难从能谱成分分析区别某元素的氧化物、碳化物或氮化物，通过 EBSD 测定这些相的晶体学关系经常能准确地被区分开来。用 EBSD 进行相鉴定还可以直接区别体心立方和面心立方组织，如钢中的铁素体和奥氏体，这在实践中也经常用到，而这种元素的化学分析方法是无法办到的。在相鉴定和取向成像图绘制的基础上，可很容易地进行多相材料中相百分含量的计算。

　　EBSD 系统设备的基本要求是一台扫描电子显微镜和一套 EBSD 系统。EBSD 采集的硬件部分包括一台灵敏的 CCD 摄像仪和一套用来花样平均化和扣除背底的图像处理系统。图 29-1 是 EBSD 系统的构成及工作原理。

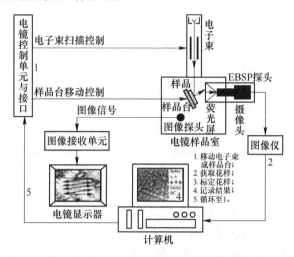

图 29-1　EBSD 系统的构成及工作原理

　　在扫描电子显微镜中得到一张电子背散射衍射花样的基本操作是较为简单的。相对于入射电子束，样品被高角度倾斜，以便背散射的信号被充分强化到能被荧光屏接收（在显微镜样品室内）。荧光屏与一个 CCD 相机相连，背散射光束能直接或经放大储存图像后在荧光屏上观察到。只需很少的输入操作，软件程序便可对花样进行标定以获得晶体学信息。目前，最快的 EBSD 系统每秒钟可进行近 100 个点的测量。

　　EBSD 的数据分为两大类，一类是从传统的宏观织构测量中衍生出来的方法：包括理想取向、极图、反极图、欧拉空间；另一类是由显微织构得出的晶体取向及相互之间关系的测量方法：包括快速晶体取向分布图、特殊晶界类（MAP）、重位点阵晶界（CSL）、RF 空间图（Rodrigeuz Frank）、所有晶界取向错配度图形、重构的晶粒尺寸。

　　EBSD 系统和能谱 EDS 探头同时安装在扫描电子显微镜上，这样在快速得到样品取向信息的同时，还可以进行显微形貌和成分分析，大大方便了材料科学工作者的研究工作。

29.3　实验设备及材料

　　（1）实验设备：扫描电子显微镜（GeminiSEM300）、X 射线能谱仪 EDS、电子背散射衍射仪 EBSD；

　　（2）实验材料：待分析实验样品。

29.4　实　验　步　骤

29.4.1　实验样品的制备

EBSD 分析要求试样表面高度光洁，在测试前必须对试样进行表面研磨抛光处理。在研磨抛光中形成的加工形变层会导致图像灰暗不清晰，应完全去除。EBSD 通常的制样方法为常规金相样品制备结合电解抛光腐蚀。

不同的材料可以灵活采用不同的表面加工方法。金属材料可采用化学或电解抛光去除形变层，离子溅射减薄可去除金属或非金属材料研磨抛光中形成的加工形变层，某些结晶形状规则的粉末材料可直接对其平整的晶面进行分析。

（1）机械抛光：方便、快捷，但试样表面破坏，存在残余应力。该方法对变形金属不适用，主要对退火后粗大晶粒材料使用。

（2）电解抛光：方便，最常用，但抛光工艺（抛光液、参数）摸索需要一定的时间。该方法影响抛光效果的因素有：电解液成分、溶液温度、搅拌条件、电解面积（影响电流密度）和电压，通过调整这些参数可以得到较好的抛光效果。

电解抛光并不适用于所有金属，在抛光过程中容易出现抛光不均匀或者形成凹坑，边缘被腐蚀，抛光区范围有限，抛光能力有限，电解液有毒，比较难找到合适的抛光液等不利因素，因此需要较长时间的摸索过程。

（3）离子轰击：适用于难抛光的软材料，如 Cu、Al、Au、焊料及聚合物，也用于难加工的硬材料，如陶瓷和玻璃等。该方法具有无表面污染、无划痕、试样损伤小、机械变形较小等优点。

29.4.2　电子背散射衍射的分析过程

（1）用标准样品校正显微镜、样品和衍射仪的位置，并检查电子显微镜工作状态是否正常。

（2）安装样品（使用 EBSD 专用样品台）。

（3）用 SEM 获取一幅图像，并确定分析区域，使样品待分析区域位置与标样上校正点处于同一聚焦位置。

（4）条件设定，收集电子背散射衍射图像，计算机标定图谱。

（5）数据存储，方便进一步处理和输出。

29.5　实验报告要求

（1）简述电子背散射衍射仪的工作原理及性能特点；

（2）说明电子背散射衍射用来分析试样晶体取向的原理。

29.6　思　考　题

EBSD 在金属材料如何分析变形织构？

实验 30　透射电镜样品的制备

30.1　实　验　目　的

（1）理解电解双喷减薄仪和离子减薄仪的工作原理；

（2）学会薄膜样品、粉末样品的制备方法。

30.2　实　验　原　理

在透射电镜（TEM）中，电子束要穿透样品成像。由于电子束的穿透能力比较低（散射能力强），因此用于 TEM 分析的样品厚度要非常薄，电子束穿透固体样品的厚度主要取决于电子枪的加速电压和样品原子序数。一般来说，加速电压愈高，样品原子序数愈低，电子束可穿透的样品厚度就愈大。对于加速电压 $100\sim200\mathrm{kV}$ 的透射电镜，可穿透样品的厚度为 $100\sim200\mathrm{nm}$。如果要观察高分辨晶格像，样品还要更薄，一般应低于 $10\mathrm{nm}$。

TEM 样品可分为薄膜样品、粉末样品、复型样品。TEM 样品制备在电子显微学研究工作中起着至关重要的作用，是非常精细的技术工作。下面分别介绍各种样品的制备方法。

30.2.1　薄膜样品制备方法

制备薄膜样品的流程是：切片→机械研磨→冲样→预减薄→最终减薄。

30.2.1.1　切片

将样品切成薄片，厚度一般应为 $0.5\mathrm{mm}$，磨去氧化层和加工层。对于导电材料，用线切割方法。线切割又称为电火花切割，被切割样品作阳极，金属丝作阴极，两极间保持一个微小距离，利用其间的火花放电，引起样品局部熔化进行切割。对于陶瓷、半导体、玻璃等材料，用线锯或金刚石慢速锯切割。美国 South Bay Technology 公司 850 型线锯如图 30-1 所示，金刚石慢速锯如图 30-2 所示。

30.2.1.2　机械研磨

机械研磨可以将线切割切下来的薄块用 502 胶黏在一块平行度较好的金属块上，用手把平，在抛光机的水磨砂纸上注水研磨，砂纸粒度要细，用力要轻而均匀。在金相砂纸上来回研磨。如果研磨之后不作凹坑处理，厚度要小于 $30\mu\mathrm{m}$；如果要作凹坑处理，厚度为 $60\sim80\mu\mathrm{m}$。

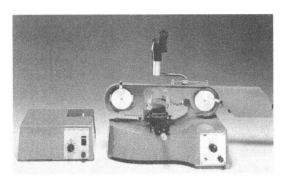

图 30-1　850 型线锯

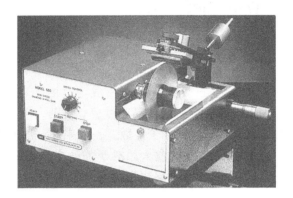

图 30-2　金刚石慢速锯

30. 2. 1. 3　冲样

样品研磨后,用专用工具冲成 $\phi 3mm$ 的圆片。圆片打孔机用于快速切割金属、合金及所有延展性好的材料,圆片打孔机如图 30-3 所示。超声波切割机(超声钻)用于切割半导体、陶瓷等脆性样品。601 型超声波切割机如图 30-4 所示,切割厚度为 $40\mu m \sim 5mm$。

30. 2. 1. 4　凹坑

图 30-3　Gatan 659 型圆片打孔机

凹坑过程是最终减薄前的预减薄。用凹坑仪在研磨后的试样中央部位磨出一个凹坑,凹坑深度为 $50 \sim 70\mu m$,适用于陶瓷、半导体、金属及复合材料样品。凹坑的目的是缩短离子减薄的时间,以提高最终减薄效率。凹坑仪配以厚度精确测量显示装置,磨轮有不锈钢轮、铜轮、毛毡轮等,根据样品材料来选择,毛毡轮用于抛光。磨料有金刚石膏、立方氮化硼(CBN)以及两者混合使用。磨轮载荷一般为 $20 \sim 40g$,凹坑前样品的厚度为 $60 \sim 80\mu m$。凹坑过程试样需要精确地对中,先粗磨后细磨抛光,磨轮载荷要适中,否则试样易破碎。656 型凹坑仪如图 30-5 所示。

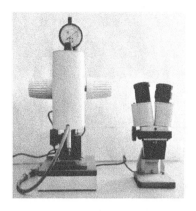

图 30-4　Gatan 601 型超声波圆片切割机

图 30-5　656 型凹坑仪

30.2.1.5　电解双喷减薄

电解双喷减薄是最终减薄，减薄后可直接上电镜观察。它只适用于导电的材料，如金属材料，使用仪器前应确定需减薄的样品已经过机械研磨或凹坑处理，厚度要小于 $30\mu m$。此方法速度快，没有机械损伤。Tenupol-5 型电解双喷减薄仪如图 30-6 所示。

图 30-6　Tenupol-5 型电解双喷减薄仪

电解双喷减薄仪被广泛应用于透射电镜的样品制备，可在较短时间内制备出高质量的透射电镜样品。其工作原理是：金属样品与阳极相连，电解液与阴极相连，电解液通过耐酸泵加压循环。电解液喷管对准试样的中心，两个喷嘴同时减薄样品两面，在合适的电压、电流作用下，样品中心逐渐减薄，直至穿孔。在样品穿孔的瞬间，红外检测系统会迅速反应自动终止减薄，确保有较大的薄区，在几分钟时间内制备出高质量的透射电镜样品。抛光孔的边缘为透射电镜观察的区域。图 30-7 为电解双喷减薄原理示意图。

Tenupol-5 型电解双喷减薄仪操作步骤为：

（1）根据样品材料配制电解液 1000mL 左右。

（2）打开仪器电源开关，进入工作界面，选择电压值、光值。

（3）样品放入样品夹中，样品夹插入双喷装置中，注意方向。

（4）按电源控制部分的"power"键，电解双喷开始，出孔后自动停止。

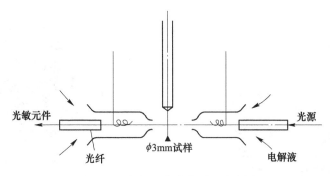

图 30-7　电解双喷减薄原理示意图

（5）样品穿孔后，取出夹具，在盛有无水乙醇的烧杯中摆动，再取出样品在盛有无水乙醇的培养皿中清洗两遍。放在滤纸上，干燥后包好待用。如果当天不能用电镜观察，要把样品置于干燥皿中保存。

试样电解双喷后表面应明亮，中心穿孔。如果试样灰暗，要增加电压；如果出现筛子孔，要降低电压；如果边缘变黑或边缘穿孔，要降低电压。

30.2.1.6　离子减薄

离子减薄也是最终减薄，适用于陶瓷、半导体、多层膜截面材料以及金属材料，离子减薄还可以用于去除试样表面的污染层。例如，电解双喷减薄以后的样品，或者是放置一段时间表面氧化的样品，再进行短时间（10~15min）、低角度（4°）的离子减薄，观察效果会更好。使用仪器前应确定需减薄的样品已经过机械研磨或凹坑处理，厚度要小于30μm。Gatan 691 型离子减薄仪如图 30-8 所示。

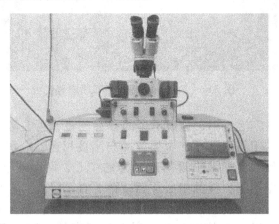

图 30-8　Gatan 691 型离子减薄仪

离子减薄仪的工作原理：在高真空条件下，离子枪提供高能量的氩离子流，对样品表面以某一入射角度连续轰击，当氩离子流的轰击能量大于样品表层原子结合能时，样品表面原子发生溅射。连续不断的溅射，样品中心逐渐减薄，直至穿孔，最后获得所需要的薄膜样品，减薄过程比较缓慢。离子减薄原理示意图如图 30-9 所示。

离子减薄的优点是样品质量好，使用范围广；缺点是处理时间长。处理时间与样品材质、样品起始厚度、减薄工艺参数有关，需要几个小时、十几个小时甚至更长。如果长时间进行离子减薄，离子辐照损伤可能使试样表面非晶化，所以选择合适的减薄条件（电压和角度）和控制试样温度是比较重要的。

　　影响离子减薄样品制备的因素有：离子束电压、离子束电流、离子束的入射角、真空度、样品的种类、样品的显微结构特点、样品的初始表面条件、样品的初始厚度、样品的安装。

Gatan 691 型离子减薄仪操作步骤如下：

　　（1）打开氩气瓶，并按下"Vent"按钮将气锁室放气。

　　（2）将装好样品的样品台放入基座中，盖上气锁室的盖子，按下"Vac"按钮抽气。

　　（3）按下气锁控制开关（airlock control）降下样品台，设定离子枪电压为 4~5kV。

　　（4）打开左右枪气阀开关，调整左右枪的角度，两支枪一正一负，双面减薄。在减薄过程中，先用大角度，逐渐改用小角度。

　　（5）设定"rotation speed"，一般在 3 左右；设定时间后，按"Start"键即开始减薄工作；当样品完成减薄后，按下计时器开关按钮停止减薄。

　　（6）按下气锁控制开关的上部，使样品台基座升入气锁室。按下"Vent"按钮放气。

　　（7）取出样品台。

　　（8）重新盖好气锁的盖子，并抽真空。

　　（9）关闭氩气瓶。

离子减薄后的样品，可以先放到金相显微镜下检查，一般减薄好的样品在穿孔附近会产生衍射环，如图 30-10（a）所示；而减薄过度的样品，就观察不到这种衍射环，如图 30-10（b）所示。

图 30-9　离子减薄原理示意图

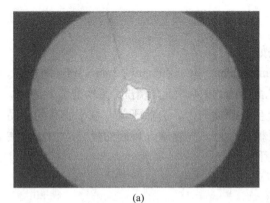 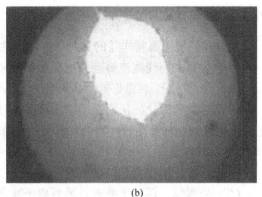

(a)　　　　　　　　　　　　　(b)

图 30-10　离子减薄后的样品

（a）减薄好的样品；（b）过减薄的样品

30.2.2 粉末样品的制备方法

3.2.2.1 粉末样品基本要求

（1）单颗粒粉末尺寸小于 200nm，大于 200nm 的颗粒需经研磨粉碎；

（2）无磁性；

（3）以无机成分为主，否则会造成电镜严重的污染，高压跳掉，甚至击坏高压枪。

30.2.2.2 粉末样品的制备

（1）取适量的粉末和乙醇放入小烧杯中，超声振荡 10min 左右，制成悬浊液；

（2）把微栅网膜面朝上放在滤纸上；

（3）滴 2~3 滴悬浊液到微栅网上；

（4）干燥后即可观察。

不同微栅网示意图如图 30-11 所示。

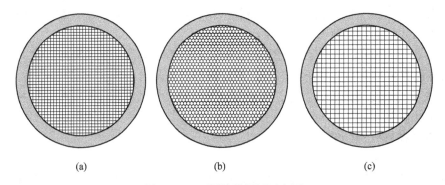

图 30-11 不同的微栅网示意图

（a）300 目方孔载网；（b）300 目圆孔载网；（c）150 目载网

（300 目约 0.048mm，150 目约 0.104mm）

30.2.3 截面样品的制备方法

截面样品属于薄膜样品的一种，制备方法如下：

（1）切割。用线锯或解理刀把样品切成 4mm×2mm、3mm×3mm 或 2mm×3mm 的小块。

（2）清洁处理。将选好的样品依次在无水乙醇和丙酮中两次超声清洗，每次清洗 2~3min。

（3）对黏和固化。从丙酮中捞出样品时让生长表面向上，自然干燥。在干燥后的样品上涂上少量的制样专用胶，将两块样品面对面黏在一起，快速放入特制的模具中加压，在 130℃左右的加热炉上固化 2h 以上，冷却后取下。

（4）切片，用线切割机切成薄片。

（5）先磨制，再凹坑处理，最后离子减薄。

30.2.4 复型样品的制备方法

复型样品是把要观察试样的表面形貌用适宜的非晶薄膜复制下来，然后对这个复制膜进行透射电镜观察与分析，复型适用于金相组织、断口形貌、形变条纹、磨损表面、第二相形态及分布、萃取和结构分析等。

制备复型的材料本身必须是"无结构"的，即要求复型材料在高倍成像时也不显示其本身的任何结构细节，这样就不致干扰被复制表面的形貌观察和分析。常用的复型材料有塑料和真空蒸发沉积炭膜，均为非晶态物质。常用的复型有：

（1）塑料一级复型，分辨率为 10~20nm。

（2）炭一级复型，分辨率为 2nm。

（3）塑料-炭二级复型，分辨率为 10~20nm。

（4）萃取复型，可以把要分析的粒子从基体中提取出来，分析时不会受到基体的干扰。

除萃取复型外，其余复型都是样品表面的一个复制品，只能提供有关表面形貌的信息，而不能提供内部组成相、晶体结构、微区化学成分等本质信息，因而用复型做电子显微分析有很大的局限性。目前，除萃取复型外，其他复型用得很少。

30.3　实验设备及材料

（1）实验设备：电解双喷减薄仪、离子减薄仪，线锯、金刚石慢速锯，圆片打孔机，超声波切割机，凹坑仪，超声波振荡器；

（2）实验材料：镊子、烧杯、电解液、滤纸、无水乙醇、微栅等。

30.4　实 验 步 骤

每人制备一个透射电镜样品。

30.5　实验报告要求

（1）简述 TEM 样品的制备过程及注意事项；

（2）以自己制备的样品为例，总结制备 TEM 样品的操作技巧和存在的问题。

实验 31　透射电镜的结构、成像原理及使用方法

31.1　实　验　目　的

（1）了解透射电子显微镜的基本构造；
（2）理解透射电子显微镜的成像原理；
（3）掌握透射电子显微镜的操作过程。

31.2　实　验　原　理

31.2.1　透射电子显微镜的构成

透射电子显微镜是以波长极短的电子束作为照明源，用电磁透镜聚焦成像的一种具有高分辨本领和高放大倍数的电子光学仪器。它由电子光学系统、电源和控制系统、真空系统三部分组成。

31.2.1.1　电子光学系统

电子光学系统是透射电子显微镜的最基本组成部分，是用于提供照明、成像、显像和记录的装置，整个镜筒自上而下顺序排列着电子枪、双聚光镜、样品室、物镜、中间镜、投影镜、观察室、荧光屏及照相室等。通常又把电子光学系统分为照明部分、成像部分和观察记录部分。图 31-1 是 JEM-2010 型透射电子显微镜外观照片，图 31-2 是透射电子显微镜的镜筒剖面示意图。

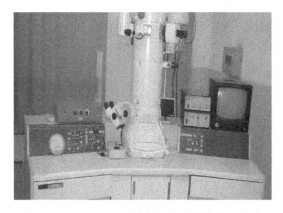

图 31-1　JEM-2010 型透射电子显微镜外观照片

（1）照明部分。照明部分由电子枪、聚光镜和电子束的平移对中及倾斜调节装置组

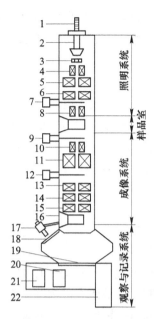

图 31-2 透射电子显微镜的镜筒剖面示意图

1—高压电缆；2—电子枪；3—阳极；4—束流偏转线圈；5—第一束聚光镜；6—第二束聚光镜；7—聚光镜光阑；

8—电磁偏转线圈；9—物镜光阑；10—物镜消像散线圈；11—物镜；12—选区光阑；13—第一中间镜；

14—第二中间镜；15—第三中间镜；16—高分辨衍射室；17—光学显微镜；18—观察窗；

19—荧光屏；20—发片盒；21—收片盒；22—照相室

成。它的作用是为成像系统提供一束亮度高、相干性好的照明光源。为满足暗场成像的需要，照明电子束可在 2°~3° 范围内倾斜。

电子枪：由阴极、栅极和阳极构成。在真空中通电加热后使从阴极发射的电子被阳极加速，获得较高的动能形成定向高速电子流。

聚光镜：作用是会聚从电子枪发射出来的电子束，控制照明孔径角、电流密度和光斑尺寸。

（2）成像放大部分。成像放大部分一般由样品室、物镜、中间镜和投影镜组成。物镜的分辨本领决定了电镜的分辨本领，中间镜和投影镜的作用是将来自物镜的图像进一步放大。

（3）图像观察与记录部分。图像观察与记录部分由观察室、照相室以及 CCD（Charge Coupled Device）相机组成。现在多数透射电子显微镜都在照相室下方安装了慢扫描 CCD 相机，提高拍摄效率和照片质量。目前一般使用 CCD 采集图像的方法来代替拍摄底片的方法。

31.2.1.2 真空系统

（1）防止成像电子在镜筒内受气体分子碰撞而改变运动轨迹，影响成像质量；

（2）减缓阴极（俗称为灯丝，由钨丝或六硼化镧 LaB_6 制作，直径 0.1~0.15mm）的氧化，提高其使用寿命；

（3）减少样品污染，产生假象。镜筒内凡是接触电子束的部分（包括照相室）均需保持高真空，一般用机械泵和油扩散泵两级串联才能得到保证。高性能的透射电镜增加一个离子泵以提高真空度，真空度一般为 $1.33 \times 10^{-2} \sim 1.33 \times 10^{-5} \mathrm{Pa}$。

31.2.1.3　供电系统

供电系统主要提供两部分电源，一是用于电子枪加速电子的小电流高压电源；二是用于各透镜激磁的大电流低压电源。目前先进的透射电镜大多已采用自动控制系统，其中包括真空系统操作的自动控制、从低真空到高真空的自动转换、真空与高压启闭的连锁控制，以及用微机控制参数选择和镜筒合轴对中等。

31.2.2　成像原理

电子枪发射的电子在阳极加速电压的作用下，高速地穿过阳极孔，被聚光镜会聚成很细的电子束照明样品。因为电子束穿透能力有限，所以要求样品做得很薄，观察区域的厚度在 200nm 左右。由于样品微区的厚度、平均原子序数、晶体结构或位向有差别，使电子束透过样品时发生部分散射，其散射结果使通过物镜光阑孔的电子束强度产生差别，经过物镜聚焦放大在其像平面上，形成第一幅反映样品微观特征的电子像。然后再经中间镜和投影镜两级放大，投射到荧光屏上对荧光屏感光，即把透射电子的强度转换为人眼直接可见的光强度分布，或由照相底片感光记录，或用 CCD 相机拍照，从而得到一幅具有一定衬度的高放大倍数的图像。

图 31-3 为透射电子显微镜成像时四种典型工作模式光路图。中间镜像平面和投影镜的物平面之间的距离可近似认为固定不变（中间镜的像距 L_2 固定不变），若要在荧光屏上得到一张清晰的放大像，必须使中间镜的物平面正好和物镜的像平面重合，即通过改变中间镜的激磁电流使其焦距变化，与此同时，中间镜的物距 L_1 也随之改变，这种操作称为图像聚焦。如果把中间镜的物平面和物镜的后焦面位置重合时，在荧光屏上得到的是一幅电子衍射花样，这就是所谓电镜中的电子衍射操作。

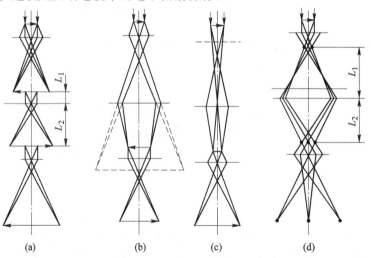

图 31-3　透射电子显微镜成像时四种典型工作模式光路图

（a）高倍放大；（b）低倍放大；（c）极低倍放大；（d）电子衍射

31. 2. 3　JEM-2010TEM 操作步骤

（1）加高压；
（2）装样品；
（3）加电流；
（4）明场观察；
（5）衍射操作；
（6）拍照；
（7）CCD 相机使用；
（8）结束工作顺序，放大倍数调至 50000 倍→抽出物镜光阑和选区光阑→确认电子束在屏中心→样品回零→关闭电流→降电压至 120kV→关闭显示器。

31. 3　实验设备及材料

（1）实验设备：JEM-2010 型透射电子显微镜；
（2）实验材料：透射电子显微镜样品（金属薄膜样品、粉末样品等）。

31. 4　实　验　步　骤

（1）熟悉透射电子显微镜的结构与成像原理；
（2）了解各个按钮的作用；
（3）完成一个 TEM 样品从装样到拍照的操作过程。

31. 5　实验报告要求

（1）简述透射电子显微镜的基本构造与成像原理；
（2）以 JEM-2010 型透射电子显微镜为例，说明其操作要点。

第5篇

综合模拟实验

实验 32　Image Pro Plus 在测量粒径尺寸上的应用

32.1　实 验 目 的

（1）了解认识 Image Pro Plus 软件的窗口界面；
（2）掌握 Image Pro Plus 图像处理的基本步骤；
（3）学会对 Image Pro Plus 数据进行分析。

32.2　实 验 原 理

Image Pro Plus 是功能强大的 2D 和 3D 图像处理软件，具有丰富的测量和定制功能，它适合于荧光成像、质量控制、材料成像及其他多项科研、医学与工业应用。在材料中，常用的功能包括测量统计分析粒径尺寸、晶粒尺寸、孔洞尺寸等。

32.3　实验设备及材料

Image Pro Plus 软件。

32.4　实 验 步 骤

32.4.1　将图片导入到软件中

将图片转化成软件可以识别的格式；然后打开软件，点击菜单栏里的"File"→"Open"，找到需要处理的图片位置，点击打开"O"，就可以导入图片，出现图 32-1 所示的界面。

32.4.2　设置标尺

点击"Measure"→"Calibration"→"Set System"，弹出图 32-2 所示的对话框。

这里，可以对预先设置好的标尺直接调用（如 Spatial Cal 0），也可以对一张新的图进行重新设置，因此需要点击"…"按钮，会弹出一个设置对话框，如图 32-3 左边所示。点击"New"，新建一个标尺：首先设置单位，将"Unit"设为"nm"，然后点击红框内的"Image"按钮，出现"Scaling"对话框，输入标尺长度数值"20"，这时图片中会出现一个绿色"工"字形图标，需要用鼠标拖动调整它的长度和图片中的原始标尺长度一

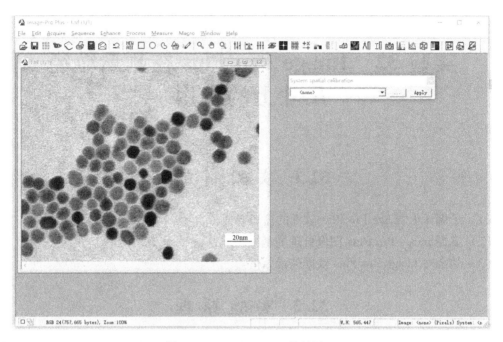

图 32-1　Image Pro Plus 软件界面

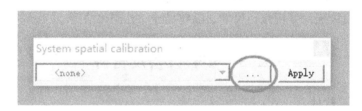

图 32-2　Set System 对话框

致（均为 20nm），如图 32-4 所示，然后点击"OK"键。

回到"Spatial Calibration"对话框下，点击"Apply"按钮，也就是确认将刚才设置好的标尺应用到这幅图以后的测量统计程序中。如果需要将标尺留在图片中，可以点击"Mark"按钮，弹出"Spatial Calibration Marker"对话框，对话框中有四种标尺模式，可选择标尺在或不在图中显示（On-Image or Non-destructive），标尺最好不要在图片中显示；因为在计算粒径的时候，软件会把标尺上的数字也当成微粒去计算，输入标尺所代表的长度值（20unit），点击"OK"按钮，图片上就会出现新标尺，可以用鼠标左键移动新标尺到想要的位置，再按右键固定，点击"Continue"键，回到"Spatial Calibration"对话框。

32.4.3　计算粒径

点击工具栏中的"Measure-Count/Size"，就会弹出计算/测量尺寸的对话框图 32-5，这里有三种计算方式可以选择：Manual、Automatic Bright Object、Automatic Dark Object，根据本实验中需要测量的图片，以自动测量为例进行说明。勾选"Automatic Dark Object"，点击其工具栏中"Measure"→"Select Measurements..."，就会弹出图 32-6 所示的对话框。

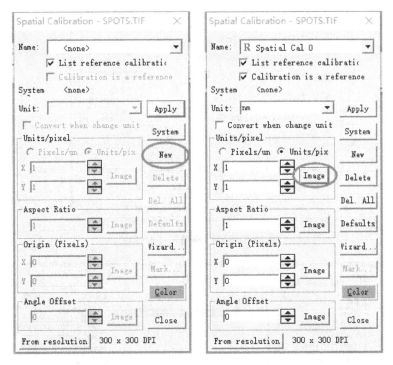

图 32-3　标尺设置对话框

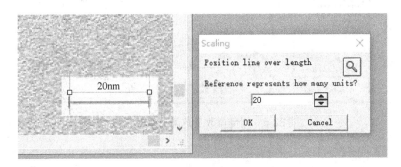

图 32-4　设置标尺长度为固定值

在图 32-6 所示的对话框中，选择平均直径"Diameter（Mean）"为统计对象，在下面的"Edit Range"中输入合理的范围，从而筛选出大小异常的颗粒。也可以通过点击"Edit Range"按钮来选择统计的范围，然后点击"OK"键，回到上一对话框后，记住要勾选"Apply Filter Ranges"按钮。需要注意的是，即使使用的是自动模式，还是需要进行一些设置，点击图 32-5 对话框中的"Options"按钮，会弹出"Count/Size Options"对话框，因为试样的颗粒是实心小球，所以"Outline Style"需要选择成"Filled"，并且需要勾选上"Fill Holes"，如图 32-7 所示。这样才能保证软件标记出的颗粒大小和形状误差更小，设置完了点击"OK"键。

最后，点击图 32-5 所示的对话框中的"Count"按钮，图片上的颗粒就会自动标红，如图 32-8 所示。

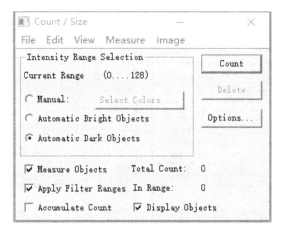

图 32-5　计算/测量尺寸对话框

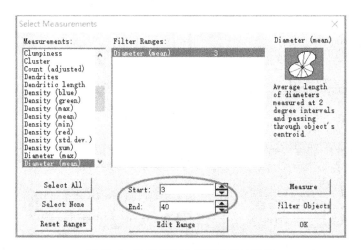

图 32-6　测量参数及范围设置对话框

图 32-7　Count/Size Option 对话框设置

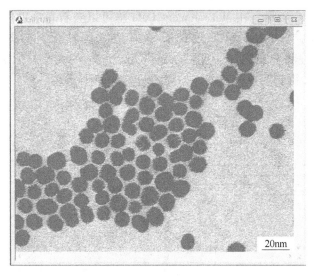

图 32-8 颗粒被统计后的照片

32.4.4 分割连体颗粒

无论是手动还是自动，计算完颗粒尺寸之后会发现，有一些颗粒因为各种原因连接在了一起，这样在统计的时候软件会把它们当作一个完整的颗粒，对结果造成误差，所以需要将它们进行处理并分开，这里需要用到图 32-5 对话框中的 "Edit" → "Split Objects" 功能。用鼠标在图中划线对连在一起的颗粒进行分割，处理后的图片变成图 32-9 所示的状态。点击 "OK" 键，就得到分割后的颗粒分布。

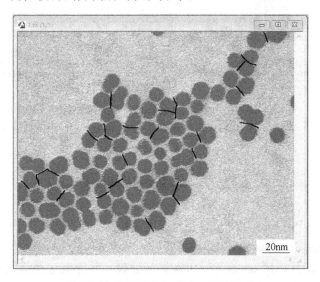

图 32-9 分割图中链接在一起的颗粒

32.4.5 查看统计结果

在 "Count/Size" 对话框的 "View" 下拉菜单中，可以选择不同的方式对计算的粒径进行统计，如图 32-10 所示。在 Measurement Data 里可以查看每个颗粒的信息和位置，如图 32-10（a）所示；Statistics 里可以查看整体的统计数据，如图 32-10（b）所示；Histogram 可以给出柱状分布图，并且可以自由调节 bins 的大小，如图 32-10（c）所示；还可以用 Scattergram 得到散点分布图，如图 32-10（d）所示。

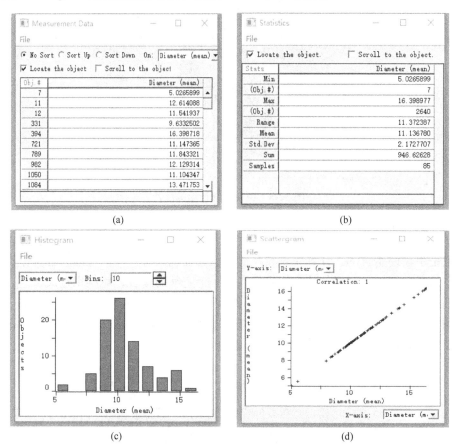

图 32-10　用不同方式对计算的粒径进行统计的结果

（a）Measurement Date；（b）Statistics；（c）Histogram；（d）Scattergram

32.5　实验报告要求

（1）简述 Image Pro Plus 在测量粒径尺寸上的应用；

（2）叙述 Image Pro Plus 软件模拟的过程；

（3）选择一个图片，用 Image Pro Plus 进行处理，并详细记录模拟的整个过程、各种参数设置以及后处理的结果分析。

实验 33　COMSOL 在模拟多孔材料力学性能中的应用

33.1　实 验 目 的

（1）了解认识 COMSOL 软件的窗口界面；

（2）掌握利用 COMSOL 建模的基本步骤；

（3）学会对 COMSOL 模拟的数据进行分析。

33.2　实 验 原 理

COMSOL 是目前世界领先、功能强大的专业有限元软件，尤其在求解多场耦合问题上，更体现了其优势。其典型的建模过程包括如下步骤：

（1）建立几何模型。COMSOL 软件提供了强大的 CAD 工具用于创立一维、二维和三维几何实体模型，通过工作平面创立二维的几何轮廓，并使用旋转、拉伸等功能生成三维实体，还可以直接使用基本几何形状（圆、矩形、块和球体）创立几何模型，然后使用布尔操作形成复杂的实体形状。另外，可以在 COMSOL 软件中引入其他软件创建的模型。COMSOL 软件的模型导入和修补功能可以支持 DXF 格式（用于二维）和 IGES 格式（用于三维）的文件，也可以导入二维的 JPG、TIF 和 BMP 文件并把它们转化成为 COMSOL 的几何模型；对于三维结构也同样如此，甚至支持三维 MRI（磁共振数据）数据。

（2）定义物理参数。定义模型的物理参数只需要在预处理软件中对变量进行简单的设置，例如 Navier-Stokes 方程中的黏度和密度参数，电磁场中的传导率和介电常数，以及材料的特征常数等。参数可以是各向同性、各向异性的，可以是模型变量、空间坐标和时间的函数。

（3）划分有限元网格。COMSOL 网格生成器可以划分三角形和四面体的网格单元，自适应网格划分可以自动提高网格质量。另外，还可以人工参与网格的生成，从而得到更精确的结果。

（4）求解。COMSOL 的求解器是基于 C++程序采用最新的数值计算技术编写而成，其中包括最新的直接求解和迭代求解方法、多极前处理器、高效的时间步运算法则和本征模型。

（5）可视化后处理。丰富的后处理功能，可根据用户的需要进行各种数据、曲线、图片及动画的输出与分析。

33.3　实验设备及材料

COMSOL Multiphysics 5.1。

33.4　实　验　步　骤

本实验选择多孔钛的压缩过程进行建模，来观察压缩过程中材料内部应力的变化及分布。

33.4.1　模型导航设置

打开 COMSOL Multiphysics，点击"Model Wizard"按钮，首先选择模型尺度（0D、1D、2D、3D），这里选择 3D；接下来选择物理场，COMSOL Multiphysics 可以同时模拟多个物理场的情形，选择一个或多个所涉及的物理场，本例中选择"Structural Mechanics"→"Solid Mechanics（solid）"，点击"Add"按钮，就会发现"Solid Mechanics（solid）"已经添加到了"Added Physics interfaces"里了。同时注意到因变量（Dependent Variables）这里自动给出了位移场。设置好物理场后，点击进入"Study"页面。这里需要选择物理场变量的状态，如果场变量不随时间变化就选择稳态（Stationary），如果场变量随时间变化就选择随时间变化（Time Dependent）。基础条件设置完成后，点击"Done"进入模型设置界面。

33.4.2　定义全局变量

COMSOL Multiphysics 5.1 操作界面如图 33-1 所示。建立模型的第一步需要定义全局变量，在这里需要选择模拟的材料为纯钛，鼠标右键点击"Global Definitions"→

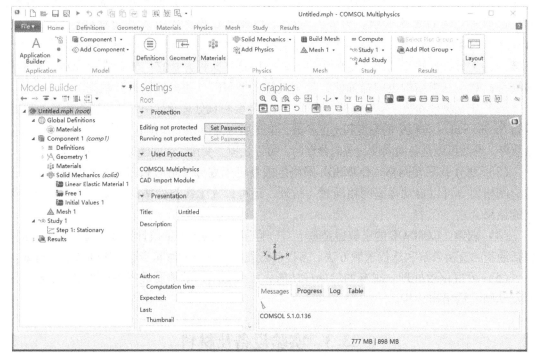

图 33-1　COMSOL 软件界面

"Materials"，如图 33-2 所示，就会弹出"Add Material"对话框，展开"Material Library"→"Titanium Alloys"，会看到数据库里已有的钛合金的所有材料，选择"Ti Grade 1（UNS R50250）"→"Ti Grade 1（UNS R50250）［solid］"→"Ti Grade 1（UNS R50250）［solid, not oxidized］"，找到相应的材料后，鼠标左键双击选择，就会看到在模型树的"Materials"里添加好了所选的材料，如图 33-3 所示。

图 33-2　Global Definitions 设置材料属性

图 33-3　几何模型的设置

33.4.3　建立几何模型

点击模型树中的"Geometry 1"，可以看到右边的设置窗口，把"Length unit"改成"mm"，"Angular unit"选成"Degrees"。然后鼠标右键点击"Geometry 1"，选择需要添加的图形（长方体、锥体、圆柱体或球体），这里选"Block"。鼠标点到模型树中的"Geometry 1"→"Block 1（blk1）"上，右边的设置窗口就会弹出这个立方体的具体尺寸位置等，"Types"选择"Solid"，尺寸均设置为"1mm"，"Position"中的"Base"选择为"Corner"，点击"Build Selected"，"Graphics"窗口就会出现刚才设置的图形，如图 33-4 所示，它是一个以（0，0，0）为顶点、三边长度均为 1mm 的正方体。

我们需要模拟的是带有孔洞的材料，因此需要在正方体上挖一个孔，与画正方体的方法类似，鼠标右键点击"Geometry 1"，选"Sphere"。右边的设置窗口就会出现绘制球体的参数："Types"选择"Solid"，尺寸均设置为"0.5mm"，"Position"设置为"（0，0，0）"，点击"Build Selected"，"Graphics"窗口就会出现刚才设置的图形，它是一个以（0，0，0）为圆心、半径为 0.5mm 的球体，如图 33-5 所示。

从图 33-5 中注意到这个球体实际上是我们设置的孔洞，因此需要把球体的这部分体积剪掉，就需要用到布尔运算。鼠标右键点击"Geometry 1"，选择"Geometry 1"→"Booleans and Partitions"→"Difference"，在"Difference"的设置窗口里，将"blk 1"放

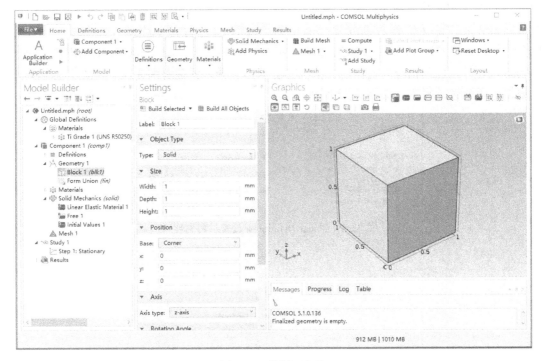

图 33-4　绘制正方体

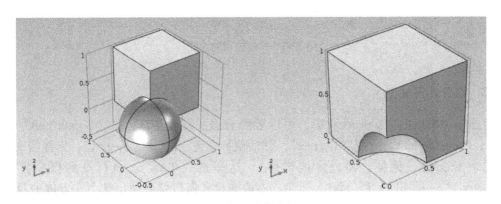

图 33-5　绘制孔洞

到 "Objects to add" 栏中，将 "sph1" 放到 "Object to subtract" 栏中，点击 "Build Selected"，就会出现图 33-5 右图所示的几何模型。在有限元计算中，我们都使用代表元进行计算，这样能大大减少计算量、提高计算效率，图 33-5 中所示的几何模型就是一个代表单元，也是用来计算的最小单元。到这里，几何模型的设置就完成了。

33.4.4　设置边界条件

几何模型建立好后，需要对模型设定合适的边界条件。为了更接近实际压缩过程，模拟过程采用均一的位移条件对材料施加载荷，也就是对上边界设置一个向下的位移边界条件，鼠标右键点击 "Solid Mechanics（solid）" → "Prescribed Displacement"。在设置窗口里,"Selection"选择"Manual"方式,然后把鼠标放到图形窗口,鼠标放在哪个边界上哪个边界就会变成红色,当上边界显示红色时,用鼠标左键点击一次,上边界就会变成紫色并出现在设置窗口的"Active"栏中。需要施加一个与 z 轴相反方向的位移条件,因此需要勾选上"Standard notation"里的"Prescribed in z direction",假定材料被压缩 5%,设置位移为"-0.00005m",如图 33-6 所示。

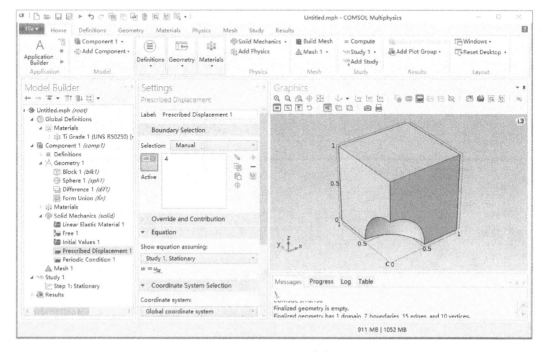

图 33-6　设置边界条件

除了上边界有位移的变化外,下边界还需要设置一个固定边界条件。鼠标右键点击"Solid Mechanics(solid)"→"Fixed Constraint",在设置的窗口中,把 5 号边界选上,就设置完成了。

33.4.5　网格划分

网格划分可以直接使用软件自带的网格划分方法,这里选择到"Mesh1",设置窗口中"Mesh Settings"→"Sequence type"选择"Physics-controlled mesh","Element size"选择"Normal",然后点击"Build All",生成的网格如图 33-7 所示。

33.4.6　解方程

本例中求解的是稳态方程,因此不需要对求解过程再进行设置,鼠标点击"Study",在设置窗口中点击"=Compute"进行计算。

33.4.7　后处理

计算完成后,"Graphics"窗口可以自动给出表面"Von Mises stress"分布,如图 33-8 所示。设置窗口里可以看到具体的出图参数,还可以根据需要进行修改。除了表面的应力

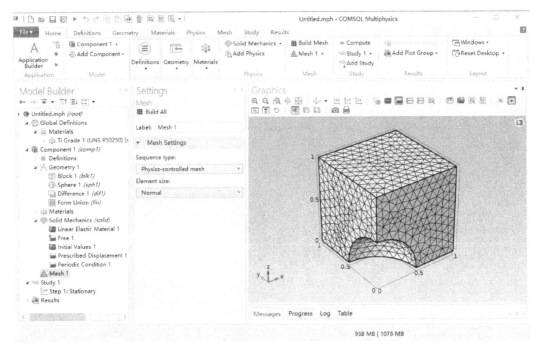

图 33-7　网格划分

分布，在模型树中的"Results"里还可以添加得到层状图、等值线图等，如图 33-9 所示。

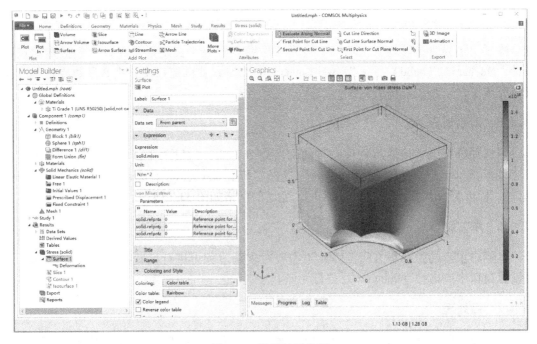

图 33-8　计算结果分析

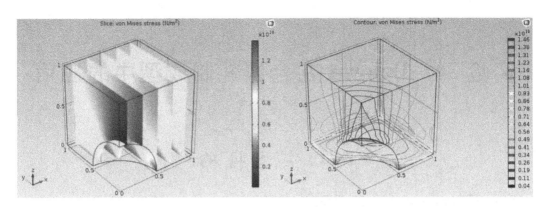

图 33-9　层状图和等值线图

33.5　实验报告要求

（1）简述 COMSOL Multiphysics 5.1 在模拟材料力学性能中的应用；

（2）叙述 COMSOL Multiphysics 5.1 软件模拟的过程；

（3）选择不同几何结构的材料，用 COMSOL Multiphysics 5.1 进行模拟分析，并详细记录模拟的整个过程、各种参数设置以及后处理的结果分析。

实验 34　Deform 在金属轧制成型中的应用

34.1　实　验　目　的

（1）认识 Deform 软件的窗口界面；

（2）了解型钢轧制成型分析的基本设置过程；

（3）掌握利用 Shape rolling 模块的几何体的建立及网格划分；

（4）学会对 Deform 模拟的数据进行分析。

34.2　实　验　原　理

Deform 是一套基于有限元的工艺仿真系统，用于分析金属成型及其相关工业的各种成型工艺和热处理工艺。通过在计算机上模拟整个加工过程，帮助工程师和设计人员设计工具和产品工艺流程，减少昂贵的现场试验成本；提高工模具设计效率，降低生产和材料成本；缩短新产品的研究开发周期。

轧制是通过一些轧辊对一个长坯料进行加压使其厚度减薄或者界面形状发生变化的工艺。轧制过程是一个非常复杂的弹塑性大变形过程，既有材料的非线性、几何非线性变形，又有边界条件的非线性变形，变形机理非常复杂，难以用准确的数学模型来描述。因此，有限元法被越来越多地应用于模拟板带的轧制过程，它不仅能解决复杂的非线性变形问题，而且克服了传统的物理模拟和实验研究成本高且效率低的缺点。本实验主要通过型钢轧制成型实例，让大家了解纵轧分析的基本过程和技术，Deform-3D 设计了专门的纵轧模块 Shape rolling，具有建模功能，让用户操作方便快捷。

34.3　实验设备及材料

Deform-2D/3D Ver 11.0 有限元软件，CAD 软件。

34.4　实　验　步　骤

本实验选择的轧制模型，考虑坯料的热传导，不考虑轧辊的热传导。下面介绍工艺参数的设置。

单位：英制（English）；

坯料材料（Material）：AISI-1055［1450-2200F（800-1200C）］；

温度（Temperature）：300℉；

轧辊温度：100℉；

轧辊速度：55r/min。

34.4.1　创建一个新问题

双击"DEFORM Integrated 2D3D"图标，进入软件的主窗口。点击"File"→"New problem"，弹出"Problem Setup"对话框，在"Guided templates"目录下选择型钢轧制（shape rolling），"Units"选择"English"，单击"Next"按钮。

在"Problem location"界面中使用默认选项，然后单击"Next"按钮。

在下一个界面中默认名称（Problem name）为"SHAPE_ROLL1"，单击"Finish"按钮，进入前处理模块。

34.4.2　轧制工艺的设置

型轧前处理模块窗口如图 34-1 所示。单击工艺设置对话框（Process Setting）中的"Default Setting≫"按钮，将"Multi-Stand Rolling"的选项设置为如图 34-2 所示的默认值。

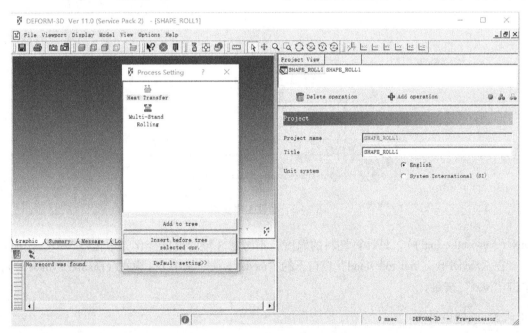

图 34-1　型轧前处理模块窗口面

在"Process Setting"对话框里双击"Multi-Stand Rolling"图标，在右边方案视图窗口（Project View）将出现一个型轧工序，如图 34-3 所示。

选中刚出现的型轧工序，单击"Open opr"按钮打开工序，工序名称为"Multi-Stand-Shape-Rolling（1）"，单击"Next"按钮。

在"Rolling Type"里选中"Lagrangian（incremental）rolling"单选按钮，单击"Next"按钮。

在"Thermal calculations"计算窗口里选中第 2 项（Calculate temperature in workpiece

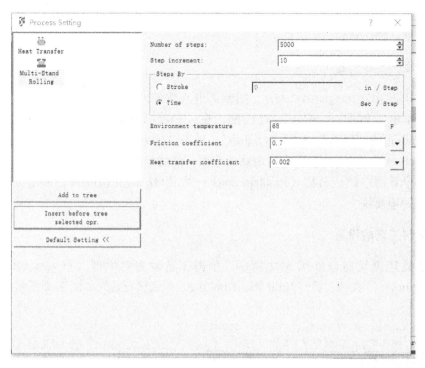

图 34-2 工艺设置

图 34-3 型轧工序窗口

only（non-isothermal）），只计算坯料的温度，不考虑轧辊的温度变化，单击"Next"按钮。

在"Model type and roll stand"窗口下的"model type"选中 1/4 模式（Quarter symmetry），单击"Next"按钮。

34.4.3 轧辊设计

轧辊定义窗口如图 34-4 所示，单击"Use primitives for main roll pass design"选项，出现轧辊设计功能，保持默认选项和数字，如图 34-5 所示，单击"Create"按钮，作图区出现轧辊几何体如图 34-6 所示，单击"Close"按钮，再单击"Next"按钮。

34.4.4 定义轧辊

在物体（Object）窗口上显示的"Name"是"Top Roll"，上轧辊的温度设为 100 ℉，单击"Next"按钮。

在轧辊截面定义窗口（Geometry-2D（Crosssection defined）），不做改变，因为前面已经定义好了，单击"Next"按钮。

图 34-4　轧辊定义窗口

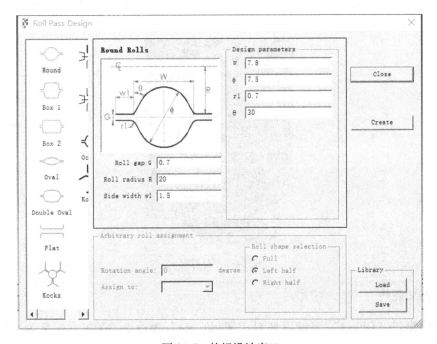

图 34-5　轧辊设计窗口

在"Geometry-3D"窗口，几何生成选择为"Uniform geometry generation"，层的数目（Number of layers）设置为 108，单击"Generate 3D geometry"按钮，作图区生成图 34-7 所示的上辊几何体，单击"Next"按钮。

在对称面窗口（Geometry symmetry surface），选择作图区的对称面。需要注意的是，在默认的视角下，没法点击选择对称面，所以需要在菜单栏点击"Rotate"按钮，将几何体旋转到如图 34-8 所示的角度，再点击菜单栏的"Select"按钮，用鼠标左键点选择图 34-8 中所圈出的截面，选择好后此面会变成亮绿色，然后点击"+Add"按钮，生成（0，-1，0）的对称面，单击"Next"按钮。在运动控制窗口，角速度设置为"Constant 55rpm"，单击"Next"按钮。

图 34-6　轧辊几何体

图 34-7　上辊几何体

图 34-8　对称面

34.4.5　定义坯料

在物体窗口"Object"中设置坯料"Workpiece"温度为 300℉，长度为 20in，单击"Next"按钮。

在"Geometry-2D Crosssection"窗口，单击"use 2D geometry primitives"选项。

在"Geometry Primitive"对话框中，选择圆柱形（Cylinder），设置半径为 4，单击"Create"按钮，单击"Close"按钮关闭对话框，单击"Next"按钮。

将"Crosssection mesh"的"Number of elements"设置为 100，"3D meshing parameters"里的"Number of layers"设置为 72，其他默认，单击"Generate 3D mesh"按钮，形成的坯料网格如图 34-9 所示，单击"Next"按钮。

在"Material"窗口中，单击"Import material from library"按钮，选择"Steel"→
"AISI-1045_（20-1100c）"选项，如图 34-10 所示，单击"Load"按钮，单击"Next"
按钮。

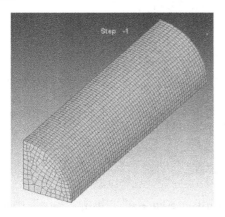

图 34-9　坯料网格

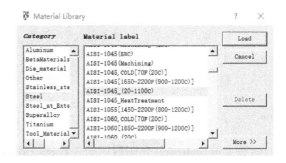

图 34-10　材料选择

在"View Workpiece BCC"窗口保持默认，单击"Next"按钮。

34.4.6　定义推块

在"Object"窗口，上推块"Pusher"的温度设置为 100℉，单击"Next"按钮。

在"Geometry-2D Crosssection"窗口，单击"Use 2D geometry primitives"按钮，在
"Geometry Primitive"对话框中，选择圆柱形（cylinder），设置半径为 5，如图 34-11 所示，
单击"Create"按钮，单击"Close"按钮关闭对话框，再单击"Next"按钮。

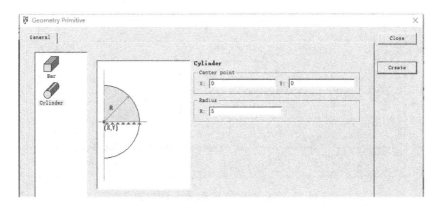

图 34-11　坯料尺寸

在"Geometry-3D"设置窗口中，单击"Generate 3D geometry"按钮，作图区变成三
维推块的几何体，单击"Next"按钮。

在"Geometry symmetry surface"窗口，利用定义轧辊中所述的方法选择对称面，同样
需要对几何体进行旋转再选择对称面（0，-1，0）和（0，0，-1），如图 34-12 所示。选
择好后利用"+Add"按钮进行添加，然后单击"Next"按钮。

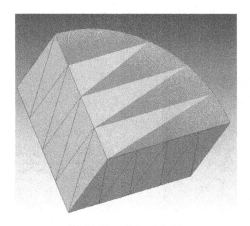

图 34-12　推块对称面

在"Movement"控制窗口中，速度设置为"Constant 30in/sec"，单击"Next"按钮。

34.4.7　接触关系设置

在"Position"窗口，点击"Object position"按钮，在"Position object"里选择"Top Roll"，"Reference"里选择"Workpiece"，它们的关系为在-Z 方向上的干涉，如图 34-13 所示，点击"Apply"按钮完成位置设置。

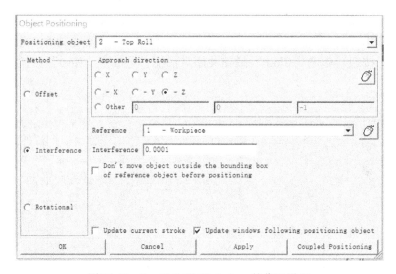

图 34-13　Top Roll 和 Workpiece 的位置设置

在同一个窗口下，按照同样的方法，设置参数如图 34-14 所示，完成"Pusher"和"Workpiece"的位置设置。设置好了之后，点击"OK"按钮退出对话框。各个物体会自动定位，如图 34-15 所示，单击"Next"按钮。

在"Contact"窗口，单击"Generate inter object relations"按钮，将摩擦因数设置为"库仑摩擦 0.5"，热传导系数设置为 5，如图 34-16 所示，单击"Generate all"按钮生成接触关系，单击"OK"按钮关闭对话框，单击"Next"按钮。

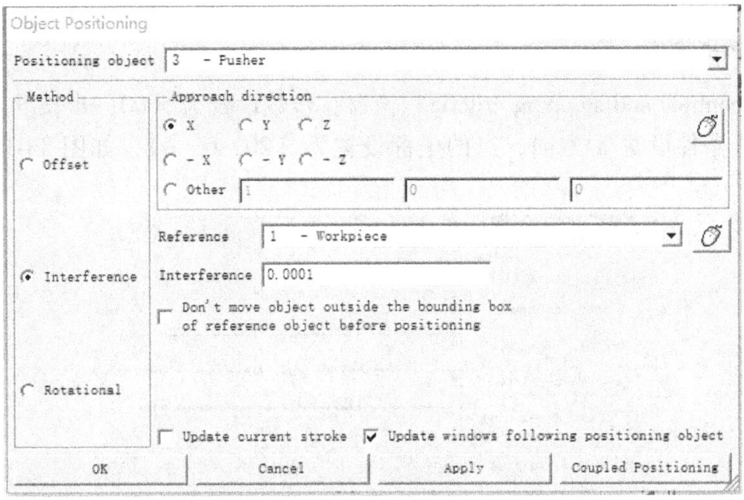

图 34-14　Pusher 和 Workpiece 的位置设置

图 34-15　几何体位置

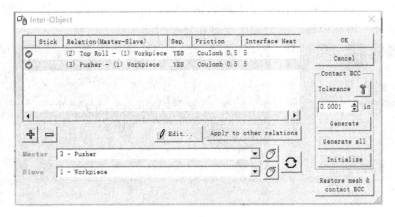

图 34-16　接触关系窗口

34.4.8　设置模拟控制

在"Step controls and stopping criteria"窗口，步数设置为5000，步长设为10，每步时间0.001，停止条件设置X方向，点的坐标设置为（20，0，0），如图34-17所示，单击"Next"按钮。

图 34-17　模拟步骤

34.4.9　检查生成数据库文件

在"Generate data base"窗口，单击"Check data"按钮检查，单击"Generate data base"按钮生成DB文件，单击"Next opr"按钮，弹出询问对话框"Do you want to close current operation?"，单击"Yes"按钮。

单击菜单栏的"Quit"图标退出前处理，进入到主窗口。

34.4.10　模拟和后处理

在"DEFOEM-2D/3D"的主窗口中，选择"Simulator"中的"Run"按钮开始模拟。

模拟完成后，选择"DEFORM-2D/3D Post"选项进入后处理。此时默认选中物体"Workpiece"，单击"Single object mode"按钮，图形区将只显示"Workpiece"一个图形。在"step"窗口选择最后一步，分析结果如图34-18所示。还可以选择"DEFORM Post"选项进入后处理，得到位移、应力和应变等在每个时间步长上的状态。

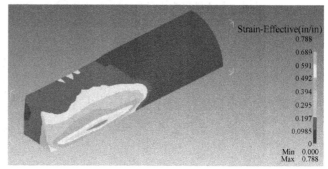

图 34-18　分析结果

34.5　实验报告要求

（1）简述 Deform 在模拟材料轧制过程中的应用；

（2）叙述 Deform 软件模拟的过程；

（3）利用 Deform 重复以上轧制的实例，并详细记录模拟的整个过程、各种参数设置以及后处理的结果分析。

参 考 文 献

[1] 潘清林. 金属材料科学与工程实验教程 [M]. 长沙：中南大学出版社，2006.

[2] 王岚，杨平，李长荣. 金相实验技术 [M]. 北京：冶金工业出版社，2013.

[3] 葛利玲. 材料科学与工程基础实验教程 [M]. 北京：机械工业出版社，2008.

[4] 施雯，成飞鹏，杨弋涛. 金属材料工程实验教程 [M]. 北京：化学工业出版社，2009.

[5] 吴润，刘静. 金属材料工程实践教学综合实验指导书 [M]. 北京：冶金工业出版社，2008.

[6] 杨明波. 金属材料实验基础 [M]. 北京：化学工业出版社，2008.

[7] 关品，纪嘉明，丁红点. 金属材料实验指导 [M]. 镇江：江苏大学出版社，2008.

[8] 刘天模，王金星，张力. 工程材料系列课程实验指导 [M]. 重庆：重庆大学出版社，2008.

[9] 周小平. 金属材料及热处理实验教程 [M]. 武汉：华中科技大学出版社，2006.

[10] 韩德伟. 金属学实验指导书 [M]. 长沙：中南工业大学出版社，1990.

[11] 仁怀亮. 金相实验技术 [M]. 北京：冶金工业出版社，2004.

[12] 夏华. 材料加工实验教程 [M]. 北京：化学工业出版社，2007.

[13] 邹贵生. 材料加工系列实验 [M]. 北京：清华大学出版社，2005.

[14] 赵刚，胡衍生. 材料成型与控制工程实验指导书 [M]. 北京：冶金工业出版社，2008.

[15] 戴雅康. 金属力学性能实验 [M]. 北京：机械工业出版社，1991.

[16] 马南钢. 材料物理性能综合实验 [M]. 北京：机械工业出版社，2010.

[17] 王风平，朱再明，李杰兰. 材料保护实验 [M]. 北京：化学工业出版社，2005.

[18] 潘春旭. 材料物理与化学实验教程 [M]. 长沙：中南大学出版社，2008.

[19] 张庆钧. 材料现代分析测试实验 [M]. 北京：化学工业出版社，2006.

[20] 邱平善，王桂芳，郭立伟. 材料近代分析测试方法实验指导 [M]. 哈尔滨：哈尔滨工程大学出版社，2001.

[21] 李树棠. X 射线衍射实验方法 [M]. 北京：冶金工业出版社，2000.

[22] 洪班德. 金属电子显微分析实验指导书 [M]. 哈尔滨：哈尔滨工程大学出版社，1984.

[23] 洪班德，崔约贤. 材料电子显微分析实验技术 [M]. 哈尔滨：哈尔滨工业大学出版社，1990.

[24] 吴晶，戈晓岚，纪嘉明. 机械工程材料实验指导书 [M]. 北京：化学工业出版社，2006.

[25] 姜江，陈鹭滨，耿贵立，房强汉. 机械工程材料实验教程 [M]. 哈尔滨：哈尔滨工业大学出版社，2003.

[26] 郑子樵. 材料科学基础 [M]. 长沙：中南大学出版社，2005

[27] 彭大异. 金属塑性加工原理 [M]. 长沙：中南大学出版社，2004.

[28] 马怀宪. 金属塑性加工学—挤压、拉拔与管材冷轧 [M]. 北京：冶金工业出版社，2002.

[29] 李瑞松，周善初. 金属热处理 [M]. 长沙：中南大学出版社，2003.

[30] 李树棠. 晶体 X 射线衍射学基础 [M]. 北京：冶金工业出版社，1993.

[31] 常铁军，祁欣. 材料近代分析测试方法 [M]. 哈尔滨：哈尔滨工业大学出版社，1999.

[32] 张锐. 现代材料分析方法 [M]. 北京：化学工业出版社，2007.

[33] 那顺桑. 金属材料工程专业实验教程 [M]. 北京：冶金工业出版社，2005.

[34] 范培耕. 金属材料工程实习实训教程 [M]. 北京：冶金工业出版社，2011.

[35] 王志刚，刘科高. 金属热处理综合实验指导书 [M]. 北京：冶金工业出版社，2012.

[36] 米国发. 材料成型及控制工程专业实验教程 [M]. 北京：冶金工业出版社，2011.

[37] 罗雷. 金属材料工程专业实验指导书 [M]. 北京：冶金工业出版社，2019.

[38] 王文. 金属材料加工专业实验教程 [M]. 北京：冶金工业出版社，2020.